经典
家常菜

白绍平◎编著

河北出版传媒集团
河北科学技术出版社

图书在版编目（CIP）数据

经典家常菜 / 白绍平编著 . -- 石家庄：河北科学
技术出版社，2015.11
　ISBN 978-7-5375-8145-5

Ⅰ . ①经… Ⅱ . ①白… Ⅲ . ①家常菜肴－菜谱 Ⅳ .
① TS972.12

中国版本图书馆CIP数据核字(2015)第300743号

经典家常菜

白绍平　编著

出版发行	河北出版传媒集团　河北科学技术出版社	
地　　址	石家庄市友谊北大街 330 号　（邮编：050061）	
印　　刷	三河市明华印务有限公司	
经　　销	新华书店	
开　　本	710×1000　1/16	
印　　张	10	
字　　数	150 千字	
版　　次	2016 年 1 月第 1 版	
	2016 年 1 月第 1 次印刷	
定　　价	32.80 元	

前 言

　　随着时代的进步，人们对生活品质的要求越来越高，吃、穿、住、行概莫能外。日常饮食与人体的健康状况息息相关，人们已开始重视食品种类和营养的搭配。如今，食品安全问题也受到普遍关注，为了饮食健康，许多人更青睐以自己烹饪的方式来表达对家人的关爱。自己烹制美食，不仅可以维护健康，也能提升家人之间的融合度，提高家庭生活的幸福和美满指数。

　　为了让大家在烹饪时能有据可依，以便更轻松地制作出受家人欢迎的美食，同时充分享受烹饪的乐趣，我们特意编写了这套菜谱。为满足各类人群、各个年龄段对饮食的不同需求，适合个人口味偏好，本套菜谱编写范围较广，包含家常菜、小炒、私房菜、特色菜、川菜、湘菜、东北菜、火锅、主食、汤煲等，不一而足，希望能够满足各类读者对于美食的独特需求。

　　我们力求让读者一读就懂，一学就会，一做便成功。书中详尽介绍了食物制作所需的主料与配料，并对操作步骤进行了细致地讲解，同时关于操作过程中需要注意的事项也重点阐述。即便您从来没有下过厨房，也可以在菜谱的帮助下制作出美味可口的菜品。

　　在教您烹饪的基础上，我们对食材与菜品的营养成分进行了解析，以帮助您选择适合家人营养需求与口味的菜肴。希望可以让您吃得健康、吃得明白。

另外，我们为每道菜都配有精美的图片，在掌握制作方法的同时，给您带来一场视觉上饕餮盛宴。看着令人垂涎欲滴的图片，想必您一定能胃口大开，在享受美食的同时，体会到烹饪带给您的巨大乐趣。

美味的食物不仅可以给您带来味蕾上的满足感，更重要的是每一种食物都蕴藏着养生的智慧。希望在您享受美食的过程中，您的体质与生活质量都能得到更好的改变。

在这套菜谱的编写过程中，我们请教了烹饪大师、营养师等相关人士，他们给予了我们极大的帮助，在此表示深深的谢意。然而，我们的水平有限，书中难免出现疏漏之处，敬请读者指正。在此一并表示感谢！

目 录
CONTENTS

Chapter 1
绿色蔬菜 ⋯⋯⋯⋯⋯⋯⋯⋯⋯⋯⋯⋯⋯⋯⋯ 001

1

Chapter 4
美味禽蛋 ⋯⋯⋯⋯⋯⋯⋯⋯⋯⋯⋯⋯⋯⋯⋯ 097

Chapter 5
鲜美水产 125

Chapter 1

绿色蔬菜

常见食材

挑选与储存
判断茄子的老嫩有一个可靠的方法就是看茄子"眼睛"的大小。茄子的"眼睛"，即茄子的萼片与果实连接处白色略带淡绿色的带状环，带状环越大，茄子越嫩，越好吃。

性味
性凉，味甘。

营养成分
茄子含有蛋白质、脂肪、碳水化合物、维生素以及钙、磷、铁、钾等微量元素，其中维生素P含量非常丰富。不仅如此，茄子还含有胆碱、水苏碱、龙葵碱等生物碱。

适宜人群
一般人群均可食用。 　　可清热解暑，对于易长痱子、生疮疖的人，尤为适宜。 　　脾胃虚寒、哮喘者不宜多吃。秋后的茄子味道偏苦，性凉，体弱、便溏者不宜多食。而手术前吃茄子，可能导致麻醉剂无法被正常地分解，会拖延患者的苏醒时间，影响患者康复的速度。

烹饪技巧
茄子的吃法很多，但多数吃法烹调的温度较高、时间较长，不仅油腻，而且营养损失很大。煎炸茄子会使维生素损失50%以上。在茄子的所有吃法中，拌茄泥是最健康的。

↻ 莲藕

挑选与储存

藕节短、藕身粗的为好，从藕尖数起第二节藕最好。

性味

性凉（熟品性温），味甘。

营养成分

莲藕富含优质蛋白质、钙、磷、铁等营养元素，此外，莲藕中维生素 C 与膳食纤维的含量也非常丰富。

适宜人群

一般人群均可食用。

对于肝病、便秘、糖尿病等一切有虚弱之症的人十分有益。

烹饪技巧

莲藕可生食、烹食、捣汁饮、晒干磨粉煮粥。食用莲藕时要挑选外皮呈黄褐色、肉肥厚而白的，如果发黑、有异味，则不宜食用。

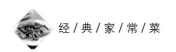

白菜

挑选与储存

挑选与储存包心的大白菜时，以顶部包心紧、分量重、底部突出、根部切口大的为好。

性味

性平，味甘，无毒。

营养成分

白菜营养丰富，含有碳水化合物、脂肪、蛋白质、膳食纤维以及钙、磷、铁、锌、硫胺素、核黄素、尼克酸等营养元素，而且维生素C、维生素E的含量也极为丰富。

适宜人群

一般人群均可食用。

特别适合肺热咳嗽、便秘、肾病患者食用，同时女性也应该多吃。

大白菜性偏寒凉，胃寒腹痛、大便溏泻及寒痢者不可多食。

烹饪技巧

炒白菜前可以先用开水焯一下，因为白菜中含有氧化酶，这些酶在60~90℃范围内会使维生素C受到严重破坏。

维生素是怕热、怕煮的物质，沸水下锅，一方面缩短了蔬菜的加热时间，另一方面也使氧化酶失去作用，使维生素C得以保存。

白菜不宜用煮、烫后挤汁等方法烹调，因为会造成营养素大量损失。

苦瓜

挑选与储存

　　品种优良的苦瓜瓜形大，瓜肉厚，苦中带甘。其中"滑身苦瓜"以其纹不深、瓜身光亮、肉质细嫩的特点著称，挑选与储存时可选以上类型。

性味

　　性寒，味苦。

营养成分

　　苦瓜含有蛋白质、碳水化合物、膳食纤维以及铁、磷、钙等微量元素，苦瓜中的维生素 C 以及 B 族维生素含量很高，除此之外，苦瓜还含有苦瓜苷、多肽—P 与苦瓜素等特有成分。

适宜人群

　　一般人群均可食用。
　　适宜糖尿病、癌症、痱子患者食用。
　　苦瓜性凉，脾胃虚寒者不宜食用。

烹饪技巧

　　不论是加糖还是加各种调味品都不能彻底去掉苦瓜的苦味，因此苦瓜做材料不应放入过多的调料。

⟳ 芹菜

挑选与储存
选购芹菜应挑选梗短而粗壮、菜叶翠绿而稀少者。色泽鲜绿、叶柄厚、茎部稍呈圆形、内侧稍向内凹，这种芹菜是最好的，可以放心购买。

性味
性凉，味甘、辛，无毒。

营养成分
芹菜富含多种营养物质，包括蛋白质、碳水化合物、胡萝卜素、B族维生素以及钙、磷、铁、钠等，此外，芹菜还含有甘露醇、食物纤维、芹菜苷等有效营养成分。

适宜人群
一般人群均可食用。 　　平时可以多吃芹菜，以清热解毒，预防节后高血压。 　　芹菜性凉质滑，故脾胃虚寒者、肠滑不固者、血压偏低者、婚育期男士应少吃芹菜。

烹饪技巧
虽然芹菜的吃法多种多样，但还是清炒最为合适。如果是西芹最好先过一遍沸水，假如用香芹做菜，叶子不要随便丢弃，吃过葱、蒜之后嚼一点香芹叶可以消除口中的异味。

白萝卜

挑选与储存

萝卜皮细嫩光滑者为佳，用手指背弹碰其腰部，声音沉重则不糠心，如声音混浊则多为糠心萝卜。

性味

性凉，味甘、辛。

营养成分

白萝卜含有丰富的碳水化合物、膳食纤维、维生素C以及维生素A等元素，此外，白萝卜还含有芥子油、淀粉酶、木质素等特殊成分。

适宜人群

一般人群均可食用。

体质弱者、脾胃虚寒者、胃及十二指肠溃疡者、慢性胃炎患者、单纯甲状腺肿者、先兆流产者、子宫脱垂者不宜多食。

烹饪技巧

白萝卜主泻，胡萝卜主补，所以二者最好不要同食。若要一起吃应加些醋来调和，以利于营养的吸收。

姜醋烧茄子

主料 茄子 450 克

配料 植物油 200 克，香辣酱、香油、醋、姜末、食盐、鸡精、蒜泥、葱花各适量

·操作步骤·

① 将茄子洗净，两面交叉剔上刀花，再切成块。

② 锅内放入足量植物油，六成热时下入茄子炸透，捞出控油；锅内留底油 30 克，下入姜末略炒，放入香辣酱炒至出红油。

③ 放入蒜泥、茄子翻炒几下，调入食盐、鸡精，再烹入醋，用旺火翻炒均匀，淋入香油，出锅装盘，撒上葱花即成。

·营养贴士· 茄子含有维生素 E，有防止出血和抗衰老功能，常吃茄子，可使血液中胆固醇水平不致增高，对延缓人体衰老具有积极的意义。

·操作要领· 烧茄子前最好过一遍油，通过热油使茄子变熟变软，味道会更香。

蒸拌茄子

主料 紫皮长茄子 1 个

配料 青椒丝、朝天椒丝、植物油、郫县豆瓣、姜末、蒜末、精盐、糖、酱油、蚝油、水淀粉各适量

·操作步骤·

① 茄子去皮切成条状，放在锅上面隔水蒸 10 分钟左右取出，晾凉备用。

② 热锅倒油，然后将青椒丝、朝天椒丝、姜末、蒜末倒进去爆香；加入适量精盐、糖、酱油、蚝油、郫县豆瓣，煸炒之后再加入适量的水，最后用水淀粉勾芡。

③ 把做好的酱汁淋在茄子上面，拌匀即可。

·营养贴士· 这道蒸拌茄子清凉爽口，有助于清热解暑。

豆角炒茄子

主料 豆角 150 克，茄子 1 个

配料 剁椒 15 克，酱油、蒜碎、植物油各适量

·操作步骤·

① 豆角去筋洗净，切段；茄子洗净，切细条。

② 锅烧热倒植物油，先下豆角丝炒至稍变色，倒入酱油，翻炒至豆角稍软。

③ 倒入茄子条，炒至茄子软，倒入剁椒再略为翻炒，最后撒上一些蒜碎即可。

·营养贴士· 四川剁椒鲜香微辣，烹制出的菜肴令人生津开胃。

鱼香茄子

主 料 茄子 500 克

配 料 瘦肉 100 克，青椒、红椒各 50 克，白糖 5 克，郫县豆瓣酱 10 克，精盐 3 克，麻油少许，生抽、老抽、蚝油、醋、姜末、葱末、蒜末、植物油、淀粉各适量

·操作步骤·

① 茄子洗净，横切成两半后切成竖条，放入盐水中浸泡 10 分钟，捞出沥干水分，撒一些干淀粉拌匀；青椒、红椒洗净切条。

② 精盐、淀粉、生抽、老抽、蚝油、醋、白糖、麻油加适量水调成汁备用。

③ 炒锅内加植物油，放入切条，炸至酥软捞出沥油；锅中留底油，烧热后放入姜末、葱末、蒜末爆香后，放入瘦肉炒至断生，加郫县豆瓣酱和青椒、红椒翻炒，放入炸好的茄子同炒，最后倒入事先调好的调味汁翻炒均匀即可。

·营养贴士· 本菜营养价值高，不仅能帮助维持人体酸碱平衡，多吃还有抗癌的保健功效。

·操作要领· 茄子上撒干淀粉，可以有效防止过多吸油，这样口感会更好。

咸酥藕片

主 料 莲藕 1 个

配 料 腐乳汁、椒盐、白芝麻、葱花、食用油各适量

操作步骤

准备所需主材料。

将莲藕切成薄片，装在碗内。

将腐乳汁倒入切好的藕片里搅拌均匀。

锅内加入食用油，待油热后加入藕片炸制，将炸好的藕片控油后备用；锅内留少许油备用。

将藕片放入锅内，加入白芝麻、葱花、椒盐翻炒片刻即可。

烹饪心得

营养贴士：藕含丰富的维生素 C 及矿物质，有益于心脏，有促进新陈代谢、防止皮肤粗糙的效果。

操作要领：腐乳汁倒入藕片里，要搅拌均匀，否则炸的时候会出结块。

煳辣藕片

主 料 莲藕 300 克

配 料 植物油 40 克，干辣椒、食盐、白糖、酱油、醋、鸡精、花椒、蒜末各适量

·操作步骤·

① 将莲藕去皮，洗净，切成薄片，用清水洗去多余的淀粉，控干水分；干辣椒切圈。

② 将白糖、醋、酱油、鸡精放小碗里拌匀做成调味汁。

③ 炒锅置中火上预热，倒植物油，五成热时放入干辣椒炸出呛味，放入蒜末、花椒爆香，将藕片倒入，加食盐调味，翻炒均匀。

④ 将调味汁倒入菜中继续炒 2 分钟，使藕片入味，即可出锅装盘。

·营养贴士· 本道菜含铁量较高，常吃可预防缺铁性贫血。

·操作要领· 煳辣是指要把干辣椒炸得稍微有点煳味，从而产生辣椒特殊的香气，因此一定要注意火候的把握。

焦香糯米藕饼

主料 糯米、藕各适量

配料 香葱、盐、糖、十三香、香油、植物油各适量

· 操作步骤 ·

① 糯米提前泡一晚，大火蒸熟；藕切碎焯水，捞出备用；香葱切碎备用。

② 把糯米饭、藕、葱放入容器中，加盐、糖、十三香、香油拌匀后捏成比较紧实的小圆饼。

③ 锅中放底油，中小火把圆饼煎至两面金黄即可。

· 营养贴士 · 莲藕营养价值高，能益血生肌，而糯米更能起到健脾养胃等功效；糯米软糯，莲藕脆香，口味也非常独特。

· 操作要领 · 捏小圆饼时最好戴上一次性手套，比较容易操作。

酸甜白菜卷

主料 白菜 150 克，胡萝卜 300 克

配料 白醋、白糖、香油各适量，食盐少许

·操作步骤·

① 白菜洗净，入沸水中略焯一下，沥干水分，切成 5 厘米宽的长条；胡萝卜洗净切丝。

② 白菜丝、胡萝卜丝同入耐热袋中，加食盐，搓揉塑料袋，腌 10 分钟，取出后挤出盐水。

③ 大白菜铺平，卷上胡萝卜丝，摆放在大盘中。

④ 将白糖、白醋、香油、少许水放入容器中，用微波炉加热 2 分钟，淋在白菜卷上即可。

·营养贴士· 白菜中含有丰富的维生素 C，胡萝卜中含人体所需胡萝卜素，本道菜酸甜可口，具有健脾开胃、清热解毒、调理便秘的功效。

·操作要领· 白菜与胡萝卜先用盐杀出水分，不仅容易制成菜卷，还能保证菜品的清脆口感。

雪菜**炒苦瓜**

主 料▶ 苦瓜 250 克，雪菜 100 克

配 料▶ 红辣椒、植物油、鸡精、葱花、食盐、
酱油各适量

·操作步骤·

① 将苦瓜去瓜蒂，平剖成两瓣，去瓤后切
成细条；雪菜洗净后切成碎末。

② 炒锅上火，加入 50 克植物油烧至五成热，
放入苦瓜煸炒至变软，再放入雪菜、红
辣椒、酱油、葱花、食盐，煸炒出香味，
撒入鸡精出锅即可。

·营养贴士· 苦瓜和雪菜都具有清热解毒的
功效，雪菜炒苦瓜是一道排毒
抗癌的夏日小炒。

大刀**苦瓜**

主 料▶ 苦瓜 200 克

配 料▶ 红辣椒、青豆各 50 克，食盐、醋、
鸡精、麻油各适量，熟白芝麻少许

·操作步骤·

① 苦瓜清洗干净，对半剖开，除掉瓜瓤部分，
切成条状备用。

② 在苦瓜上撒食盐，用手抓捏均匀后，静
置 10 分钟左右；红辣椒洗干净后，横切
成辣椒圈备用。

③ 锅中水烧开，依次放入苦瓜和青豆焯熟，
捞出过冷水，控干水分。

④ 苦瓜、青豆、红辣椒圈放入碗中，加入
食盐、熟白芝麻、鸡精、醋、麻油一起
拌匀即成。

·营养贴士· 苦瓜含有一种具有抗氧化作用
的物质，这种物质可以强化毛
细血管，促进血液循环。

香芹板栗

主料 芹菜 200 克,板栗 150 克

配料 白萝卜、娃娃菜、胡萝卜各 50 克,植物油 15 克,食盐 3 克,鲜汤、姜丝各适量

·操作步骤·

① 芹菜洗净切段;胡萝卜洗净切片;娃娃菜洗净,撕成片;板栗去壳,洗净切两半;白萝卜洗净切厚片。

② 炒锅加植物油烧至七成热,放入姜丝、芹菜、白萝卜、胡萝卜、娃娃菜煸炒片刻,再放入板栗、食盐及适量鲜汤煮沸,改小火焖出香味即成。

·营养贴士· 板栗含糖、淀粉、蛋白质、脂肪、钙、磷、铁和多种维生素,香芹含较多的钙、磷、铁、维生素 A 原、维生素 C、维生素 P 以及烟酸等,二者都是冬季食疗养生必吃的最佳补益素食。

粉蒸芹菜叶

主料 芹菜叶 200 克,玉米粉 20 克,小麦面粉 15 克

配料 生抽、醋各 10 克,蒜末 8 克,白糖 5 克,食盐、香油、植物油各少许

·操作步骤·

① 芹菜叶洗净,沥干,将少量植物油倒入芹菜叶中,拌匀,使芹菜叶表面均匀地沾上油。

② 玉米粉、面粉、食盐混合均匀,倒入拌好油的芹菜叶中拌匀,使芹菜叶表面均匀地裹上粉。

③ 蒸锅内放入适量的水,大火烧开,再放入裹好粉的芹菜叶,盖上锅盖,大火蒸 5 分钟后取出,调入剩余配料,拌匀即可。

·营养贴士· 芹菜营养丰富,而其所含的营养成分多在菜叶中,常食可清肝明目和降压、祛脂。

虾皮**炒萝卜丝**

主 料 虾皮适量，白萝卜 200 克

配 料 黄瓜 1 根，粉条 50 克，高汤 150 克，葱末 10 克，蒜末、精盐、鸡粉、糖、色拉油、胡椒粉各适量

·操作步骤·

① 白萝卜洗净去皮后切丝；黄瓜洗净切丝；粉条焯软。

② 热锅加入色拉油，将蒜末、虾皮爆香后捞出备用，锅中留底油，加入萝卜丝炒 2 分钟后，倒入高汤；并盖上锅盖焖煮约 10 分钟后，打开锅盖加入蒜末、虾皮、黄瓜丝、粉条、鸡粉、精盐、糖、胡椒粉、葱末拌炒至汤汁略收即可。

·营养贴士· 白萝卜含芥子油、淀粉酶和粗纤维，具有促进消化、增强食欲、加快胃肠蠕动和止咳化痰的作用。

·操作要领· 虾皮不要爆炒很久，免得被锅铲碾碎。

鱼香油菜

炒香，倒入豆瓣酱，炒出香味后，倒入高汤，放入油菜炒匀，再倒入事先调好的鱼香汁，大火煮至收汁即可。

主　料 油菜 500 克

配　料 蒜、白糖、醋、酱油、鸡粉、精盐、淀粉、姜、豆瓣酱、高汤、植物油各适量

·操作步骤·

① 蒜、姜切末；油菜洗净，用热水烫一下，对切成两半。

② 将酱油、醋、白糖、鸡粉、精盐、淀粉放入碗中调匀，制成鱼香汁。

③ 锅烧热后倒入植物油，放入姜末、蒜末

·营养贴士· 油麦菜含有大量维生素 A、维生素 B₁、维生素 B₂ 和大量钙、铁等营养成分，是生食蔬菜中的上品，有"凤尾"之称，具有降低胆固醇、清燥润肺等功效。

·操作要领· 将豆瓣酱预先切碎，能充分炒出香味。

18

糖汁**南瓜条**

主料▶ 南瓜 300 克，枸杞子适量

配料▶ 植物油、白糖各适量

·操作步骤·

① 南瓜洗净，切条；枸杞子洗净，温水泡开备用。

② 将南瓜和枸杞子上蒸锅蒸 10 分钟，取出。

③ 锅中放入植物油，油热后下白糖，加少许水，改中小火将白糖熬成糖稀，倒在南瓜条和枸杞子上即可。

·营养贴士· 中医认为南瓜性温、味甘、无毒，其肉可润肺补中、治疗多种疾病。

毛豆仁**烩丝瓜**

主料▶ 丝瓜 300 克，毛豆仁 200 克

配料▶ 姜片、葱花、白糖、盐、高汤、油各适量

·操作步骤·

① 丝瓜洗净去皮切滚刀块；毛豆仁入沸水中加少许盐煮 5 分钟至熟。

② 锅置火上，倒适量油烧热，爆香姜片、葱花，倒入丝瓜中火翻炒，加入毛豆仁翻炒均匀。

③ 倒入高汤（没过丝瓜即可），煮至汁水黏稠，加盐和白糖调味，盖上锅盖大火焖 2 分钟后，开盖略收汤即可。

·营养贴士· 毛豆仁烩丝瓜是一道清新爽口的夏季小炒，具有消暑、美容、健脑等作用。

金瓜米粉

主料 南瓜 300 克，干米粉 200 克

配料 虾米 20 克，红葱酥 15 克，香菜段
3 克，盐 4 克，酱油 5 克，白糖、
高汤、色拉油各适量

·操作步骤·

① 南瓜去皮去籽，用刨丝板刨成丝状；虾
米用清水泡软，沥干水分备用。

② 烧开一锅水，放入色拉油，把干米粉放
进去，煮滚 1 分钟，捞出后加盖静置。

③ 炒锅加色拉油，放入南瓜丝拌炒至熟软
且颜色金黄，放入虾米炒香，加红葱酥

炒匀，放入清水、高汤、酱油、白糖、
盐炒匀，从盆里取出米粉，入锅与配料
翻炒均匀，撒上香菜段即可。

·营养贴士· 本道菜中含有丰富的微量元
素钴和果胶，钴是胰岛细
胞合成胰岛素所必需的微
量元素，经常食用有助于
防治糖尿病。

·操作要领· 糖尿病患者若按照该食谱制
作菜肴，请将调料中的糖
去掉。

鸡油豆苗

主 料 黑豆苗 300 克

配 料 木耳、胡萝卜、火腿各 50 克，生鸡油、食盐、高汤、胡椒粉各适量

·操作步骤·

① 黑豆苗去掉老根，洗净，沥干水分；火腿切条；胡萝卜去皮，洗净切条；木耳提前泡发，洗净切条。

② 炒锅用中火预热，放入生鸡油，至油渣变金黄色，铲出油渣，下黑豆苗、火腿、胡萝卜、木耳，放入食盐调味，将火调至最大，快炒 2~3 分钟，倒入高汤烧开，出锅前放入胡椒粉即成。

·营养贴士· 黑豆苗含有丰富的蛋白质及碳水化合物，富含铁、钙、磷及胡萝卜素，其性微凉味甘，有活血利尿、清热消肿、补肝明目之功效。

湘味蒸丝瓜

主 料 丝瓜 2 根，粉丝 50 克

配 料 剁椒酱 60 克，葱花 15 克，料酒、蚝油各 5 克，白糖 5 克，植物油 15 克

·操作步骤·

① 粉丝提前在凉水中泡发备用；丝瓜去皮切滚刀块，浸入凉水中。

② 锅中倒植物油，六成热时放入葱花和剁椒酱翻炒出香味，加入料酒、蚝油、白糖翻炒均匀，关火备用。

③ 将泡好的粉丝码入盘中，铺上丝瓜块，再将刚才炒好的剁椒酱放在上面，放入烧开的蒸锅中蒸 10 分钟左右即可。

·营养贴士· 丝瓜中维生素 B 等含量高，有利于小儿大脑发育及中老年人大脑健康。

香辣卷心菜

主料 卷心菜 300 克

配料 植物油、干辣椒、鸡精、葱末、蒜粒、料酒、酱油、食盐各适量

·操作步骤·

① 将卷心菜洗净，手撕成小片；干辣椒洗净切段。

② 锅内加植物油烧热，放入干辣椒炒香，再放入卷心菜、料酒、酱油、食盐，用旺火快速翻炒至熟。

③ 加蒜粒、鸡精炒匀，出锅前加上葱末即可。

·营养贴士· 卷心菜富含维生素 C、维生素 B_6、叶酸和钾。

·操作要领· 炒制的整个过程要非常迅速，因此一定要把握好火候。

回锅冬瓜

主料▶ 冬瓜 300 克

配料▶ 青辣椒、红辣椒各 2 个，豆瓣酱 15 克，白糖 5 克，葱段、食盐、鸡精、植物油、酱油各适量

·操作步骤·

① 冬瓜去皮切厚片；青辣椒、红辣椒洗净切丝；豆瓣酱、酱油、白糖放一个碗里调成味料。

② 锅中加水烧沸，下冬瓜片，加盖，中大火煮软，捞出沥干水分。

③ 炒锅中放植物油烧至四成热，下青椒丝、红椒丝、葱段炒出香味，下味料炒约半分钟，倒入冬瓜片、食盐、鸡精，炒约半分钟后起锅装盘即成。

·营养贴士· 冬瓜减肥法自古就被认为是不错的减肥方法，冬瓜不含脂肪，并且含钠量极低，有利尿排湿的功效。

·操作要领· 因为加了豆瓣酱，食盐要少放，而且选红油豆瓣酱味道会更好。

糖醋番茄

主料 番茄300克

配料 白糖、醋、植物油、食盐、
蒜末、番茄沙司、清汤、
鸡精、淀粉各适量

·操作步骤·

① 将番茄用沸水烫掉外皮，切成橘子瓣状，
去籽，放碗中备用。

② 把白糖、醋均匀地撒到番茄上，腌15分钟，
然后在番茄表面沾上淀粉。

③ 炒锅放植物油，中火加热，烧至七成热时，
下腌好的番茄炸至金黄色，捞起沥油。

④ 炒锅留少许油烧热，下入蒜末爆锅，下
炸好的番茄，加入番茄沙司、清汤、食盐、

白糖、醋、鸡精调味，旺火收汁，以淀
粉勾芡，出锅即成。

·营养贴士· 番茄中就含有丰富的抗氧化
剂，具有明显的美容抗皱
的效果。

·操作要领· 做糖醋番茄时最后一步的勾
芡一定不能少，否则成品汤
汁稀淡，影响色相与口感。

枸杞山药

主料 山药 400 克，枸杞 15 克

配料 冰糖 50 克，白米醋 30 克，食盐、葱花各少许

·操作步骤·

① 山药刮去表皮，洗净，在冷水中浸泡片刻，使表面的黏液稀释，捞出控水，切成长条。

② 锅中放适量水烧开，将山药条和枸杞放入锅中煮 3 分钟，取出放入冷水中冲凉，沥干水分。

③ 锅中保留一些煮山药的汤水，放入冰糖用小火慢慢熬化，然后调入白米醋、食盐，将汤汁稍稍收稠，制成酸甜汁。

④ 枸杞、山药放入酸甜汁中，浸泡 30 分钟，食用时撒些葱花即可。

·营养贴士· 枸杞作为主要食材不但有利于健康，而且更有助于开胃下饭。

·操作要领· 山药去皮后必须放入水中，这样可以减少山药变黑和降低山药表面黏液对手臂的刺激。

砂锅山药棍

主料 铁棍山药400克

配料 柱候酱、海鲜酱各10克,蚝油、酱油、白糖、食盐、蒜片、泡椒、干辣椒、葱段、米酒、植物油各适量

操作步骤

① 铁棍山药去掉毛须,洗净切段;泡椒洗净切段。

② 锅中放足量植物油,至四成热时用中小火将山药炸至表皮起褶皱,捞出控油。

③ 锅中留少许底油,下柱候酱、海鲜酱炒香,然后加水、蚝油、酱油、白糖和食盐调味,再下入山药、泡椒、干辣椒、葱段,用大火收汁。

④ 砂锅内铺匀蒜片,隔一层竹帘子,放入山药,焗5分钟,淋入米酒即可。

营养贴士 铁棍山药富含丰富的蛋白质、维生素和多种氨基酸与矿物质,为气阴双补之珍品。

操作要领 山药因为用砂锅焗过,因此成品味道更香美。

拔丝
地瓜

主 料▶ 地瓜 300 克

配 料▶ 白糖 100 克，鸡
蛋 3 个，植物油、
香油、淀粉各
适量

·操作步骤·

① 地瓜洗净，去皮，切成大小均匀的滚刀
块盛在盆里；将鸡蛋打破，蛋清磕入装
地瓜的盆内，放入淀粉搅拌均匀。

② 锅中注油，烧热，加入地瓜块，炸至金
黄色时捞出控油。

③ 将油全部倒出，不要刷锅，倒入白糖，
小火，要不停地用铲子轻轻搅动，使白
糖至熔化。

④ 将白糖慢慢熬至浅棕红色，泡沫由大变
小时，迅速下入炸好的地瓜块，快速翻炒，

使地瓜均匀地裹上糖汁，装在抹上香油
的盘子里即可。

·营养贴士· 地瓜营养价值很高，含有独
特的生物类黄酮成分，这
种物质既防癌又益寿，能
有效抑制乳腺癌和结肠癌
的发生。

·操作要领· 熬糖时火候一定要把握好，
小火，均匀搅拌，以免糖
熬煳了发苦。

炝黄瓜

主 料 黄瓜 2 根

配 料 干辣椒 10 克，花椒、精盐、味精、
芝麻油、植物油各适量

·操作步骤·

① 黄瓜洗净去蒂，切成约 4 厘米长、1 厘米
粗的条；干辣椒切段。

② 炒锅置旺火上，加植物油烧至五成热，
放入干辣椒段炒至呈棕褐色时，下花椒
炒出香味，再放黄瓜条快速炒匀。

③ 加入精盐、味精炒至断生，淋芝麻油起
锅即成。

·营养贴士· 黄瓜营养丰富，还可美容，平
和除湿，收敛和消除皮肤皱纹，
对皮肤较黑的人效果尤佳。

香辣大盘花菜

主 料 花菜 300 克

配 料 带皮五花肉 150 克，孜然 15 克，清
汤 50 克，干辣椒、蒜瓣、食盐、鸡精、
酱油、淀粉、植物油各适量

·操作步骤·

① 花菜洗净，掰成小朵；干辣椒切段；蒜
瓣拍扁；五花肉切厚片，加适量酱油、
淀粉、食盐上劲抓匀备用。

② 坐锅放植物油，油热后下五花肉片滑散
盛出，余油下蒜瓣和干辣椒段，小火慢
慢煸香，转大火，下花菜爆炒，加食盐
调味，放入肉片，加清汤煨几分钟，淋
酱油，撒孜然和鸡精即可。

·营养贴士· 花菜含有丰富的氨基酸及人体
必需的钙、铁等元素，其味清
香鲜美，能提神生津、增进食
欲。

奶油西蓝花

主　料 西蓝花 1 棵

配　料 奶油、牛奶各 50 克，精盐 5 克，黄油适量

·操作步骤·

① 西蓝花摘成小朵，用流动的水冲洗干净，再用清水泡 30 分钟后用沸水焯大概 2 分钟后捞出，过凉水，沥干。

② 锅里放入黄油，融化后，倒入奶油、牛奶煮开；最后倒入西蓝花，翻匀；使每

朵西蓝花都包裹上奶油汁，出锅前再加少许精盐调味即可。

·营养贴士· 西蓝花营养丰富，含蛋白质、糖、脂肪、维生素和胡萝卜素，营养成分位居同类蔬菜之首，具有防癌抗癌的功效。

·操作要领· 为了提升口感，小块奶油在制作时要注意搅拌得足够均匀。

奶汤 烩芦笋

主 料▶ 熟火腿、口蘑各 50 克，鲜芦笋 100 克

配 料▶ 清汤、奶汤各 500 克，葱油 25 克，葱末、姜末各 2 克，姜汁 3 克，绍酒、湿淀粉各适量

·操作步骤·

① 芦笋剥去皮，用刀一拍切成长 3.3 厘米的段，加入葱末、姜末，和口蘑一起用沸水汆过；熟火腿切成长 3.3 厘米、宽 1.7 厘米的薄片。

② 锅内放清水，旺火烧沸后移至微火上；另放葱油，烧至六成热时，放进清汤、奶汤、绍酒、芦笋、口蘑（切片）、姜汁，烧沸撇净浮沫，用湿淀粉勾芡，盛入汤碗内，放上火腿片即成。

·营养贴士· 芦笋富含多种氨基酸、蛋白质和维生素，还含有硒、钼、铬、锰等微量元素，具有提高身体免疫力的功效。

外婆 煎春笋

主 料▶ 春笋 350 克

配 料▶ 梅菜 50 克，猪油 100 克，姜丝、干辣椒、食盐、鸡精、红油各适量，香芹少许

·操作步骤·

① 春笋去壳，洗净切片；梅菜洗净切小段；香芹洗净切粒。

② 锅内猪油烧至七成热，加入笋片煎至金黄色后盛出备用。

③ 锅内留底油，加入姜丝和干辣椒爆香，加入梅菜、笋片翻炒均匀，放入适量红油、食盐，加入少量开水焖干，待笋片熟透后加入鸡精，撒上香芹粒即可出锅。

·营养贴士· 春笋是高蛋白、低脂肪、低淀粉、多粗纤维素的营养美食，常食有帮助消化、防止便秘的功能。

麻辣娃娃菜

主料 娃娃菜 300 克

配料 红辣椒 15 克，植物油 50 克，食盐、鸡精各 5 克，料酒 25 克，红油 30 克，麻椒、葱花各适量

·操作步骤·

① 娃娃菜洗净，用手掰成小块，放入碗中；红辣椒洗净切段。

② 炒锅内注入植物油烧热，放入麻椒炒出香味，放入红辣椒段炒香，加入食盐、料酒、红油、鸡精，翻炒均匀后撒入葱花，趁热浇在娃娃菜上即可。

·营养贴士· 娃娃菜中钾含量丰富，具有生津养胃、除烦解渴的功效。

·操作要领· 可根据不同人群的营养需要加入适量五花肉，营养更加全面。

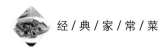

鸡汁焖冬笋

主料➤ 连壳冬笋 1500 克

配料➤ 熟火腿 40 克，蘑菇 30 克，葱、姜各 10 克，鸡汤 600 克，精盐 6 克，胡椒 0.5 克，水芡粉、化猪油各 30 克，枸杞适量

·操作步骤·

① 熟火腿与蘑菇分别切成薄片；冬笋剥去笋壳，去掉老根部分，净笋肉先对剖成两瓣，再切成薄片；姜拍破，葱切段。

② 锅置旺火上烧热化猪油，放入姜、葱煸炒几下，加入鸡汤，下冬笋片，放熟火腿片、蘑菇片、精盐、胡椒、枸杞，加盖焖约 4 分钟，揭盖，拣去姜、葱，淋水芡粉勾芡，舀入一个窝盘内即可。

·营养贴士· 冬笋是一种高蛋白、低淀粉食品，它所含的多糖物质还具有一定的抗癌作用。

双冬酿冬瓜

主料➤ 冬瓜 500 克

配料➤ 冬菇、冬笋各 50 克，豆腐 200 克，黄豆芽汤 100 克，剁椒、姜末、味精、水芡粉、香葱末、精盐、猪油各适量

·操作步骤·

① 冬瓜去皮切成厚片，放在沸水中烫 5 分钟，捞出用冷水冲凉并沥干；豆腐用干净纱布包住，稍用劲挤去水分；冬菇洗净与冬笋一起切成细末，并和豆腐、精盐、味精、姜末、猪油一起拌成馅。

② 用两片冬瓜夹点馅，码在盘中，加入黄豆芽汤、精盐、味精，放入蒸锅中，大火蒸 6 分钟，滗出汤汁于另一锅中，加入水芡粉，用大火加热 30 秒，制成芡汁，趁热浇在冬瓜上，撒点香葱末、剁椒即可。

·营养贴士· 这道菜配料丰富，非常有营养，如能在每日的餐桌上都能有一道这样的素菜便是一种很好的饮食习惯。

Chapter 2

健康菌豆

⟳ 金针菇

挑选与储存
优质的金针菇颜色应该是淡黄至黄褐色，菌盖中央较边缘稍深，菌柄上浅下深；还有一种色泽白嫩的，应该是污白或乳白。 

性味
性凉，味甘、苦。

营养成分
金针菇富含蛋白质、碳水化合物、B族维生素、维生素C、胡萝卜素。金针菇中人体必需氨基酸成分较为完整，赖氨酸与精氨酸含量颇为丰富。除此之外，金针菇还含有丰富的磷、镁、钾、钠、锌等微量元素以及多糖、牛磺酸、植物血凝素、香菇嘌呤等营养成分。

适宜人群
一般人群均可食用。 适合气血不足、营养不良的老人、儿童、癌症患者、肝脏病及胃、肠道溃疡、心脑血管疾病患者食用。 脾胃虚寒者金针菇不宜吃得太多。

烹饪技巧
将鲜品水分挤开，放入沸水锅内氽一下捞起，凉拌、炒、烩、熘、烧、炖、煮、蒸、做汤均可，亦可作为荤素菜的配料使用。

木耳

挑选与储存

　　木耳贮藏适温为 0℃，相对湿度 95% 以上为宜。由于它是胶质食用菌，质地柔软，易发黏成僵块，因此需适时通风换气，以免霉烂。

性味

　　性凉，味甘、苦。

营养成分

　　木耳富含蛋白质、多糖、胡萝卜素、B 族维生素、维生素 K、烟酸以及钙、磷、铁等营养元素。

适宜人群

　　适合心脑血管疾病患者、结石症患者食用，特别适合缺铁人士、矿工、冶金工人、纺织工、理发师食用。

　　孕妇不宜多吃。

烹饪技巧

　　黑木耳搭配乌鸡有补血活血的功效。黑木耳搭配红枣可以补血、活血、调经。

蘑菇

挑选与储存

买菜的时候通常要选择长得漂亮且大个的，挑选蘑菇也不例外。菇柄短而肥大、菇伞边缘密合于菇柄、菇体发育良好者最佳。

性味

性凉，味甘、苦。

营养成分

蘑菇富含多糖、维生素A、维生素C以及维生素D，还含有大量的纤维素、钙、铁等营养物质。蘑菇中的蛋白质含量丰富，氨基酸组成比较完整充分，营养易于被人体吸收，故拥有极高的营养价值。

适宜人群

更适宜免疫力低下者、高血压患者、老年人及糖尿病患者食用。
蘑菇性滑，便溏者慎食；另外，禁食有毒的野蘑菇。

烹饪技巧

蘑菇干制品可先用温水浸泡半天左右，然后让其在水盆中旋转，以去除沙粒；鲜品可以直接清洗。

去掉菇根后，可炒、熘、烩、炸、拌、做汤，也可酿、蒸、烧，还可当做各种荤、素菜肴的配料，是筵席上经常使用的食材之一。

豆腐

挑选与储存

　　南豆腐俗称水豆腐，以内无水纹、无杂质、晶白细嫩的豆腐为上品。内有水纹、有气泡、有细微颗粒、颜色微黄的为劣质豆腐。

性味

　　性寒，味甘、咸，无毒。

营养成分

　　豆腐营养极其丰富，含有大量蛋白质，能够为人体提供必需氨基酸；豆腐还含有维生素、铁、铜、磷、镁、钙、锌等矿物质以及异黄酮、皂苷等植物化学物质。

适宜人群

　　对肾病综合征患者来说，每日蛋白质的摄入量应根据尿中蛋白质流失的多少来确定，豆腐中含有极为丰富的蛋白质，一次食用过多不仅会阻碍人体对铁的吸收，而且容易引起蛋白质消化不良，导致腹泻、腹胀。

烹饪技巧

　　豆腐的吃法多种多样，煮、炖、炒、凉拌均可。但切记豆腐的保存时间很短，千万不能吃坏了的豆腐，而我们平时吃的腐乳是经过无氧发酵的，和自然放坏的豆腐并不相同。

 花生

挑选与储存

储存花生米要提高花生米净度，清除杂质及没有发育成熟的秕果、病果和破伤的荚果。

性味

性平，味甘、微辛，无毒。

营养成分

花生含有的营养物质极其丰富，其中富含蛋白质、脂肪、碳水化合物以及维生素A、B族维生素、维生素D、维生素E，还含有丰富的钙、铁等微量元素。花生含有8种人体必需的氨基酸，同时它还含有卵磷脂、胆碱、粗纤维等营养物质。

适宜人群

一般人群均可食用。

有高黏血症、高凝血症的患者，不宜吃花生；有胆系疾病者亦宜少食。

烹饪技巧

花生的吃法很多，有五香花生、麻辣花生，甜的、咸的……味味俱全，非常可口，也可以当零食吃。

蚕豆

挑选与储存

　　蚕豆以新鲜有皮、豆厚身坚者为好。如果蚕豆变黑就是劣品，不可购买。凡豆荚表面有浸水斑点的，表示蚕豆被冻伤。

性味

性平，味甘、微辛，无毒。

营养成分

　　蚕豆含有丰富的蛋白质、碳水化合物、膳食纤维、B族维生素、尼克酸、磷脂、胆碱等营养物质，还含有钙、铁、磷、钾等微量元素，其中磷、钾含量非常丰富。

适宜人群

　　一般人群均可食用。

　　老人、考试期间学生、脑力工作者、高胆固醇者、便秘者可以多食用；中焦虚寒者不宜食用；曾对蚕豆过敏者一定不要再吃；有遗传性血红细胞缺陷症者，患有痔疮出血、消化不良、慢性结肠炎、尿毒症等患者不宜进食蚕豆；患有蚕豆病的儿童绝不可进食蚕豆。

烹饪技巧

　　蚕豆去壳：将干蚕豆放入陶瓷或搪瓷器皿内，加入适量的碱，倒上开水闷1分钟，即可将蚕豆皮剥去，但去皮的蚕豆要用水冲除其碱味。

美味菜品

金针烧猪皮

主 料 金针菇、猪皮各适量

配 料 青椒、红椒各 1 个，姜末、蒜末、葱段、生抽、盐、植物油各适量

·操作步骤·

① 金针菇处理干净，放开水锅里焯一下；猪皮切丝；青椒、红椒洗净切丝。

② 热锅热油，放入姜末、蒜末爆香，加入猪皮翻炒至断生，放入青、红椒丝翻炒，

加入适量生抽、盐及少许水烧开。

③ 加入焯熟的金针菇，盖盖烧一会儿，加入葱段即可。

·营养贴士· 猪皮是补充胶原蛋白的美食，而金针菇有缓解疲劳的作用，因此这道菜非常适合上班族食用。

·操作要领· 金针菇焯熟用山西老陈醋腌渍可提香。

益气养血红枣木耳羹

主 料 木耳、红枣各 200 克

配 料 白砂糖适量

① 准备所需主材料。

② 将木耳撕成适口小块。

③ 将红枣剖开去核。

④ 砂锅内放入适量水，将红枣和木耳一同放入沙锅内，再放入白砂糖，熬煮至熟即可。

烹饪心得

营养贴士： 木耳被营养学家誉为"素中之荤"和"素中之王"，每100克干木耳中含铁97.4毫克，比绿叶蔬菜中含铁量最高的菠菜高出34倍，是动物性食品中含铁量最高的猪肝的22倍，是各种荤素食品中含铁量最多的。

操作要领： 煮汤的时间要长些，将红枣的颜色炖出来效果为最佳。

蘑菇炖猪膝

主 料 猪膝 4 块，滑子菇 1 小蝶，蘑菇 100 克

配 料 竹笋半个，黑木耳（鲜）、枸杞子、葱段、姜片、食盐、鸡精各适量

·操作步骤·

① 把猪膝、滑子菇、蘑菇、竹笋、黑木耳分别洗净。

② 锅内放入适量水，放入猪膝、枸杞子、葱段、姜片开火炖煮。

③ 把蘑菇、黑木耳和竹笋切成片。

④ 把滑子菇、蘑菇、黑木耳、竹笋放入锅中，继续炖煮，至熟后放入食盐、鸡精调味即可。

·营养贴士· 蘑菇中的维生素 D 含量非常丰富，有利于骨骼健康。

香酥鲜菇

主 料 鲜平菇 300 克

配 料 鸡蛋 2 个，食盐、鸡精、鸡粉各 3 克，花椒盐 15 克，淀粉 20 克，植物油适量

·操作步骤·

① 鸡蛋磕入碗中，加少许食盐、淀粉、植物油，搅匀成软炸糊。

② 平菇去蒂，洗净，撕成小条，放入沸水锅中焯烫，捞出过凉，加入食盐、鸡精、鸡粉腌渍，取出攥干，放入软炸糊内挂匀。

③ 锅中加植物油烧至五成热，放入平菇条炸至金黄色，捞出沥油，放入盘中，撒上花椒盐即可。

·营养贴士· 平菇含有抗肿瘤细胞的硒、多糖体等物质，对肿瘤细胞有很强的抑制作用，且具有免疫特性。

香卤茶树菇

主 料 干茶树菇 500 克

配 料 素肉 150 克，煮肉香料 30 克，姜末 30 克，冰糖 8 克，香油 5 克，青辣椒丝、红辣椒丝、熟白芝麻、植物油、酱油适量，白胡椒粉、香菇精、食盐各少许

操作步骤

① 素肉用热水泡软，挤干水分，切成小粒；煮肉香料放入纱布中绑好；茶树菇放入清水中泡 15 分钟，洗净切段。

② 热锅倒入植物油，放入姜末爆香，加入素肉、酱油、白胡椒粉、香菇精、冰糖、食盐，炒匀，倒入水煮开，放入香料包，转小火煮约 20 分钟，制成素肉臊卤汁。

③ 茶树菇放入素肉臊卤汁中煮开，再以小火煮 10 分钟，捞出。

④ 卤好的茶树菇放入碗中，淋入香油，撒上芝麻拌匀，点缀青辣椒丝、红辣椒丝即可。

营养贴士 茶树菇是集高蛋白，低脂肪，低糖分，保健食疗于一身的纯天然无公害保健食用菌，本道菜味纯清香，具有美容降压的效果。

操作要领 这道菜最好选干茶树菇，这样卤制过后才更有韧劲。

粉蒸**香菇**

主 料 鲜香菇 250 克，蒸肉粉适量

配 料 鸡蛋清 50 克，食盐、淀粉各适量

· 操作步骤 ·

① 将蛋清、蒸肉粉、食盐放在一起搅拌成糊；香菇洗净，去蒂。

② 将调好的糊铺在香菇上，整齐地摆在盘中，放入蒸锅中，蒸 15 分钟。

③ 出锅后将盘中蒸出来的汤水倒在锅中，以淀粉勾薄芡浇在香菇上即成。

· 营养贴士 · 香菇富含 B 族维生素、铁、钾、维生素 D 原（经日晒后转成维生素 D）、味甘，性平，具有和胃、健脾、补气益肾的功效。

一品**竹荪蛋**

主 料 小海鱼 50 克，西红柿 1 个，竹荪蛋、西蓝花、瘦肉各 100 克

配 料 精盐 2 克，姜丝 3 克，味精 1 克，胡椒粉 10 克，姜葱水、鲜汤适量

· 操作步骤 ·

① 竹荪蛋用姜葱水蒸泡 20 分钟并用清水冲净，改刀成四块；小海鱼洗净；西蓝花洗净撕成小朵；瘦肉切丝；西红柿切片，将上述料都放入砂锅内。

② 加姜丝、精盐、味精、胡椒粉、鲜汤一起炖至竹荪蛋吸收汤料变得软烂后上桌。

· 营养贴士 · 竹荪蛋有滋补强壮、补脑宁神、生精补肾、益气健体的功效。

香菇烩豆腐

主料 豆腐 1 块，香菇 2 朵

配料 红椒 1 个，酱油 10 克，食盐 3 克，胡椒粉 2 克，麻油 2 克，植物油、淀粉、葱花、蒜末、姜末各适量

·操作步骤·

① 香菇泡软，捞出后去蒂，挤干水分，切成碎末；红椒洗净，切成碎末。

② 豆腐洗净，切成四方薄块，沾裹淀粉备用。

③ 锅中倒入植物油烧热，放入豆腐煎至双面焦黄，盛起。

④ 锅中留适量底油，加入姜末、蒜末、红椒末爆香，加入香菇炒匀，再加入煎好的豆腐、酱油和 1 杯水，焖煮 10 分钟至汤汁快收干时，加入淀粉勾薄芡，调入食盐、胡椒粉，撒上葱花，滴上麻油即可盛出。

·营养贴士· 本道菜富含蛋白质、维生素、矿物质，能补充气血，妊娠后期食用对产后奶水不足有改善功效。

·操作要领· 煎炸豆腐的时候一定要注意火候，过大则容易焦煳。

香椿豆腐

主　料▶ 香椿 50 克，豆腐 200 克

配　料▶ 金针菇、胡萝卜、姜丝、植物油、食盐、鸡精各适量

·操作步骤·

① 将香椿切丁；胡萝卜切丝；金针菇洗净；豆腐切块。

② 将金针菇和胡萝卜丝焯水后备用。

③ 锅内放入植物油，放入姜丝爆香，再放入香椿翻炒均匀。

④ 锅内放入适量水，再放入胡萝卜丝、金针菇、豆腐炖煮，至熟后放入食盐、鸡精调味即可。

·营养贴士· 香椿豆腐具有润肤明目，益气和中，生津润燥的功效。

剁椒蒸豆腐

主　料▶ 豆腐 300 克，剁椒 50 克

配　料▶ 榨菜 50 克，彩椒 30 克，葱花、蒸鱼豉油、麻油各适量，熟白芝麻少许

·操作步骤·

① 彩椒洗净，切末；榨菜切小粒。

② 豆腐切块摆盘，再放入剁椒、彩椒、榨菜，入蒸锅蒸 8 分钟。

③ 把盘子里的水倒净，淋上蒸鱼豉油，再蒸 5 分钟左右。

④ 取出豆腐，撒上芝麻、葱花，淋适量麻油即成。

·营养贴士· 豆腐中的蛋白质含量丰富，所含蛋白属于完全蛋白，人体必需的氨基酸的种类齐全，而且比例也接近人体需要，吸收利用率高。

椒盐花生豆腐

主料 北豆腐 300 克，花生米 80 克

配料 植物油、椒盐、红辣椒、葱花、食盐、淀粉各适量

· 操作步骤 ·

① 豆腐切成长块，用少许食盐腌 15 分钟；花生米去皮，捣碎；淀粉加适量水调成面糊。

② 豆腐裹上面糊，两面粘上花生碎。

③ 锅中放入植物油，烧到六成热时下入处理好的豆腐，炸到两面金黄时，捞起控油。

④ 豆腐放入盘中，趁热均匀撒上葱花、椒盐、剁碎的红椒，晾凉即可食用。

· 营养贴士 · 本道菜具有补中益气、清热润燥、生津止渴、清洁肠胃的功效。

· 操作要领 · 炸豆腐前，最好提前用食盐腌去水分，这样在炸制的时候不易散，更易成形。

烩芙蓉豆腐

主 料 南豆腐 100 克，黄花菜适量

配 料 青豌豆 20 克，酱油、食盐、白糖、植物油、料酒、生粉各适量

·操作步骤·

① 黄花菜泡软，洗净后煮熟；青豌豆洗净，煮熟；豆腐切成方块，放在盘中摆好，然后把泡软的黄花菜和青豌豆放在豆腐上。

② 水开后，把豆腐放进锅里大火蒸 6 分钟。

③ 碗里放小半碗水，加入少许酱油，适量食盐、白糖、料酒和生粉，拌匀备用；豆腐蒸好后，小心地把盆里的汁倒在一个碗里，备用。

④ 起锅放植物油烧热，把调好的芡汁和倒出的豆腐汁一起倒进锅里，烧开变浓稠后淋在蒸好的豆腐上即可。

营养贴士 本道菜对防治骨质疏松症有良好的作用。

瓤豆腐

主 料 嫩豆腐 300 克，精腿肉 100 克

配 料 鸡蛋 3 个，虾仁若干，绍酒 40 克，白糖 25 克，鲜汤 150 克，姜末、鸡精、食盐、醋、豆油、红油、湿淀粉、绿豆粉、洋葱各适量

·操作步骤·

① 精腿肉切末，加食盐、鸡精、姜末、虾仁，拌匀成馅料；嫩豆腐切成 6 个小块，放入开水中焯一下，在每块豆腐上切开一个小洞，塞进肉馅做成坯；洋葱切碎。

② 鸡蛋打入碗中，搅打成泡沫状，加绿豆粉拌成糊。

③ 炒锅置旺火上加豆油，油五成热时将豆腐坯滚糊下锅炸至外壳金黄色，捞出装盘，撒上洋葱碎。

④ 炒锅留少许油，加白糖、醋、绍酒、鲜汤烧开，用湿淀粉勾薄芡，淋红油调制成汁，浇在豆腐上即成。

营养贴士 本道菜具有增营养、帮助消化、增进食欲的功效。

砂锅鱼头豆腐

主料 大鱼头1个，豆腐适量

配料 高汤、大葱段、小葱花、生姜片、料酒、鸡精、食盐、胡椒粉、红油、植物油各适量

·操作步骤·

① 锅内放植物油，下少许大葱段、生姜片爆香，将大鱼头剁开，放入锅中过油，点少许料酒，加足量高汤后大火烧开，将烧开后的汤汁和鱼头放入砂锅中，拣去大葱段。

② 豆腐切块码在鱼头周围，中火炖开，改小火炖15分钟，加食盐、鸡精、胡椒粉、红油调味，上桌前撒少许小葱花即可。

·营养贴士· 本道菜融合了多种营养成分，补益效果好，具有补充体力、调节身心的功效。

·操作要领· 豆腐最好选水豆腐，豆腥味没那么重，可以更好地保留鱼头的原味。

豆腐焖鲫鱼

主 料▶ 豆腐 250 克，鲫鱼 1 条

配 料▶ 猪肉 75 克，猪油 75 克，葱 15 克，姜 8 克，料酒 20 克，食盐 5 克，鸡精 2 克，青椒、红椒、鲜汤适量

·操作步骤·

① 将豆腐洗净，切块，用开水浸烫一下；葱、姜洗净切末；鲫鱼去鳞和内脏，洗净，两面都剞上花刀；青椒、红椒洗净切末；猪肉洗净剁馅，备用。

② 将猪肉馅和葱末、姜末、食盐、料酒搅匀后，填入鱼肚内。

③ 锅中猪油七成热时下入鲫鱼，煎至两面发挺、亮黄时烹入料酒；放入鲜汤、葱段、姜片，用旺火烧开约 5 分钟；放入豆腐块，改用中火炖，见鱼肉嫩熟后加入食盐、鸡精；汤汁开后将豆腐取出码在盘底，再取出鱼放在豆腐上，将汤汁倒在鱼身上即可。

④ 出锅之后撒上青椒、红椒末作为点缀。

·营养贴士· 本道菜具有和中补虚、除羸、温胃进食、补中生气的功效。

芝麻豆腐丸子

主 料▶ 北豆腐半盒，猪肉馅 100 克

配 料▶ 淀粉 10 克，芹菜碎、蒜末各少许，油、白胡椒粉、盐、生抽、香油、白芝麻各适量

·操作步骤·

① 用叉子将豆腐压碎，挤干水分，和猪肉馅混合，再加入芹菜碎、蒜末、白胡椒粉、盐、生抽、香油和淀粉，搅拌成肉馅。

② 将肉馅揉成小丸子，放进盛白芝麻的小碗中，摇晃小碗使丸子表面均匀地裹上一层白芝麻，依次做好所有丸子。

③ 锅中倒入适量油，烧热后放入丸子，炸熟后捞出即可。

·营养贴士· 豆腐不含胆固醇，是高血压、高血脂、高胆固醇症及动脉硬化、冠心病患者的药膳佳肴。

干煎**老豆腐**

主 料 老豆腐1块，红辣椒1个
配 料 生菜、葱、酱油、植物油、
食盐、鸡精各适量

准备所需主材料。

将老豆腐切成大片；把
红辣椒切成辣椒圈；将
葱切成葱花。

锅内放入植物油，油热
后放入豆腐煎炸片刻，
捞出控油。

锅内留少许底油，放入
老豆腐，再放入辣椒圈、
酱油翻炒，至熟后放入
食盐、鸡精调味，最后
撒上葱花即可。装盘时，
可在盘底铺上生菜，将
老豆腐放在生菜上即可。

营养贴士：老豆腐是利用大豆蛋白制成的高级营养食品，人体对其吸收率可达
92%~98%，老豆腐除含蛋白质外，还可为人体生理活动提供营养。

操作要领：老豆腐煎炸时，要用大火快炸，这样才会有外焦里嫩的效果。

油豆腐烧肉

主 料 五花肉 400 克，油豆腐 300 克

配 料 豆瓣酱、葱、啤酒、食盐、鸡精、老抽、
白糖、植物油、大酱、料酒各适量

· 操作步骤 ·

① 五花肉洗净切丁，用热水焯一下，去掉
多余的杂质；葱切末备用；将大酱、老抽、
豆瓣酱、料酒一起放到碗中，加入适量
清水搅拌做成调味料。

② 锅中倒入植物油烧热，加入葱末爆香，
放入五花肉翻炒，炒到肉变色，下油豆
腐翻炒 1 分钟。

③ 在锅中倒入调味料，加入啤酒、食盐、
鸡精、白糖，锅开后用文火焖 30 分钟，
撒上葱末即成。

· 营养贴士 · 油豆腐富含优质蛋白、多种氨
基酸、不饱和脂肪酸及磷脂等，
铁、钙的含量也很高。

冻豆腐炒密豆

主 料 冻豆腐 150 克，密豆 100 克

配 料 油、精盐各适量，红椒丝少许

· 操作步骤 ·

① 密豆摘去老筋，洗净切段；冻豆腐切长条。

② 锅中放油，加入密豆翻炒断生，放入冻
豆腐翻炒一会儿，放入红椒丝，加精盐
继续炒匀即可。

· 营养贴士 · 冻豆腐营养丰富全面，还具有
减肥美容的功效，非常适合女
性食用。

鸡汁糯百叶

主料 上等百叶豆腐 350 克

配料 蒸熟的火腿 50 克, 鸡汤 150 克, 鸡油 10 克, 猪油 15 克, 食盐、鸡精各 10 克, 胡椒粉、鸡粉各 5 克, 大蒜 8 克, 碱水 1 克

·操作步骤·

① 百叶改刀成 5 厘米见方的大片; 火腿、大蒜切成末。

② 将百叶放入带有碱水的锅中, 小火沸水煮 1 分钟, 捞出备用。

③ 锅中放入鸡汤、鸡油、猪油, 大火烧 1 分钟, 油全部溶入汤中后加食盐、鸡精、鸡粉、胡椒粉, 再放入百叶, 转小火煮 3 分钟, 撒火腿末、大蒜末即可。

·营养贴士· 百叶豆腐富含优质植物蛋白和多种人体必需氨基酸, 其蛋白质含量是普通豆腐的数倍, 且不含肉、蛋、奶类物质中的胆固醇, 是新世纪的养生美食。

·操作要领· 用碱水煮百叶, 可以使百叶的口感更好。

小炒**豆腐皮**

主 料 豆腐皮 300 克

配 料 青椒、红椒各 50 克，植物油、食盐、
酱油各适量

·操作步骤·

① 豆腐皮切菱形片；青椒、红椒洗净，去
蒂横切成圈。

② 锅中烧开水，下入豆腐皮焯一下，捞出
控水。

③ 锅中加植物油，放入青椒、红椒和豆腐皮，
翻炒均匀，用食盐、酱油调味即成。

·营养贴士· 豆腐皮营养丰富，含人体所必
需的 18 种微量元素，且易消
化、吸收快，是一种妇、幼、
老、弱皆宜的食用佳品。

干锅**柴火香干**

主 料 腊肉 150 克，香干 200 克

配 料 红辣椒 2 段，葱花、辣椒酱、植物
油、食盐、鸡精各适量

·操作步骤·

① 将腊肉切片；将香干切丝；将红辣椒洗净，
切圈。

② 锅内放入植物油，放入辣椒酱和辣椒圈
进行翻炒片刻。

③ 将腊肉和香干放入锅内翻炒至熟，再放
入食盐和鸡精调味，最后撒上葱花即可。

·营养贴士· 香干含有的卵磷脂可除掉附在
血管壁上的胆固醇，防止血管
硬化，预防心血管疾病，保护
心脏。

油炸**臭干**

主料 白豆腐干 1500 克，荠菜适量

配料 芝麻、食盐各 100 克，辣椒酱 100 克，菜籽油 1500 克（约耗 150 克），豆芽、海带、香菜各适量

·操作步骤·

① 荠菜洗净，芝麻炒熟碾碎，一起放入缸内，加冷水 2500 克浸泡约 7 天，即成臭卤水。

② 取臭卤水 500 克，放入大盆内，兑入冷水 2000 克，加食盐搅匀，放入白豆腐干浸泡 2 小时，取出，沥干水分；豆芽去根洗净；海带泡发，洗净切丝。

③ 锅置旺火上，加入菜籽油，烧至八成热时放入豆腐干，炸至两面鼓起至出现小泡，捞出控油。

④ 锅中留少许底油，烧热后放入辣椒酱炒香，放入豆芽、海带丝、炸好的臭豆腐，翻炒至熟，撒上香菜即可。

·营养贴士· 臭干中富含植物性乳酸菌，具有很好的调节肠道及健胃功效，可以增进食欲，促进消化。

·操作要领· 炸豆腐时，火不宜太旺，以中火为宜。

盐水蚕豆

主料 蚕豆 300 克

配料 食盐、枸杞各适量

·操作步骤·

① 蚕豆剥皮洗净。

② 将蚕豆放入锅中，锅中加水，用旺火煮 4 分钟。

③ 加入食盐、枸杞，加盖煮 3 分钟即成。

·营养贴士· 本菜具有降低胆固醇、促进肠蠕动、预防肠癌的功效。

酸辣鲜蚕豆

主料 鲜蚕豆 300 克，红辣椒适量

配料 植物油 70 克，香葱、蒜末、食盐、鸡精、醋各适量

·操作步骤·

① 蚕豆去壳，洗净，放入沸水锅中焯一下；红辣椒去籽，洗净切碎；香葱洗净切圈。

② 锅中加入植物油烧到六成热，放入红辣椒，炒至五成熟后加入蚕豆均匀翻炒。

③ 在蚕豆中加入食盐，淋入 150 克左右的清水，加盖用中火焖 3 分钟，大火收干汤汁，然后放入蒜末、香葱、鸡精、醋，拌匀即可。

·营养贴士· 蚕豆营养价值丰富，含 8 种必需氨基酸和多种矿物质，尤其是磷和钾含量较高。

茶络花生米

主 料 花生米 300 克

配 料 黄芩、冰糖各 50 克

·操作步骤·

① 花生米用热水泡胀，去皮，洗净后放到开水中，上笼蒸熟取出。

② 黄芩切成小片放入碗里，倒入开水，上笼蒸，溶化后用筛子过滤。

③ 另取锅，放入适量清水，放入冰糖烧开溶化，将花生米和黄芩汁一起倒入，烧开后撇去泡沫，装入小碗内即成。

·营养贴士· 本道菜具有止血调理、清热解毒的功效，非常适合孕产妇食用。

·操作要领· 花生提前蒸熟，可使花生口感更加潮润，入口即烂。

花生鸭丁

主 料▶ 鸭肉 300 克，炸花生米 150 克

配 料▶ 干辣椒 50 克，植物油、淀粉、食盐、豆瓣酱、蒜、料酒、香油、白糖、醋各适量

·操作步骤·

① 鸭肉洗净，切成小丁，加入食盐、料酒、淀粉搅拌均匀后，腌渍 5 分钟；蒜切成末备用；干辣椒切碎。

② 将蒜末、食盐、白糖、醋、豆瓣酱、清水、淀粉调成汁备用。

③ 锅烧热，倒入植物油，再添加少许香油，放入蒜末和干辣椒爆香，将鸭丁倒入锅中，翻炒至变色加入调味汁，开大火翻炒 5 分钟后加入花生米，翻炒均匀即成。

·营养贴士· 花生鸭丁富含蛋白质、钙、磷、铁、维生素及碳水化合物等营养成分，食之可养身滋补、增进食欲、促进人体健康、增强机体抵抗能力。

·操作要领· 清洗鸭肉时在水里加些白醋，可以去除鸭肉的腥味。

黄豆雪里蕻

主 料 腌好的雪里蕻 200 克，黄豆 150 克

配 料 猪油 70 克，干辣椒、香油、鸡精、食盐各适量

·操作步骤·

① 将腌好的雪里蕻切成黄豆粒大小的丁，用开水烫过，投凉备用。

② 黄豆提前用清水泡 24 小时，开水煮熟备用。

③ 锅中倒入猪油，烧热后放入干辣椒炸香，倒入黄豆、雪里蕻，加入食盐、鸡精、香油翻炒至熟即可。

·营养贴士· 这道菜含有丰富的胡萝卜素、纤维素、维生素 C、钙和铁，对人体生长发育、维持生理机能有很大的帮助。

五香焖黄豆

主 料 黄豆 400 克

配 料 葱、姜各 10 克，花椒、桂皮、八角各 5 克，精盐 4 克，香油适量

·操作步骤·

① 将黄豆淘洗干净；葱、姜切末。

② 将炒锅置于旺火上，放入清水和黄豆煮沸，撇净浮沫，撒入八角、花椒、桂皮、葱末和姜末。

③ 用小火炖至熟烂，加入精盐烧至入味，吃的时候将黄豆和八角捞出装在碗内，淋上香油即可。

·营养贴士· 黄豆享有"豆中之王"的美称，具有很高的营养价值，有补钙、瘦身和美容三大功效。

肉末**鲜豌豆**

主 料 豌豆 300 克，肉末 150 克

配 料 菜籽油、酱油、料酒、姜末、食盐各适量

·操作步骤·

① 肉末里倒入酱油、料酒，搅拌均匀，腌渍片刻；豌豆洗净备用。

② 油锅烧热后放姜末炒出香味，把肉末倒进锅里，炒至肉末变色，把豌豆倒进去，翻炒 1 分钟。

③ 往锅中加 100 克清水、适量食盐，盖上锅盖焖煮 2 分钟，待锅中水分收干后即可。

·营养贴士· 豌豆含有丰富的维生素 A 原，维生素 A 原可在体内转化为维生素 A，具有润泽皮肤的作用。

·操作要领· 用菜籽油和猪油的混合油做这道菜更香，因此肉末最好选肥瘦相间的，并煸炒到出油。

Chapter 3

营养畜肉

猪肉

挑选与储存

优质的猪肉，脂肪白而硬，且带有香味。次猪肉肉色较暗，缺乏光泽，脂肪呈灰白色，表面带有黏性，稍有酸败霉味。

性味

性平，味甘、微辛，无毒。

营养成分

猪肉分瘦猪肉与肥猪肉，瘦猪肉含有丰富的蛋白质、B族维生素以及磷、钙、铁等微量元素，而肥肉的蛋白质含量则比较少，但脂肪较多。

适宜人群

一般健康人和患有疾病之人均能食之。

多食令人虚肥，大动风痰，多食或冷食易引起胃肠饱胀或腹胀、腹泻。

烹饪技巧

猪肉不宜在猪刚被屠杀后煮食，食用前不宜用热水浸泡，在烧煮过程中忌加冷水，不宜多食煎炸咸肉，不宜多食用硝酸盐腌制的猪肉，忌食用猪油渣。

猪肝

挑选与储存
质软且嫩，手指稍用力可插入切开处，做熟后味鲜、柔嫩，是可放心食用的猪肝。

性味
性温，味甘、苦。

营养成分
猪肝富含蛋白质、脂肪、碳水化合物以及钙、磷、铁、锌、硒等营养物质，还含有丰富的B族维生素、维生素C、维生素A以及卵磷脂。

适宜人群
一般人群均可食用，适宜气血虚弱、面色萎黄、缺铁性贫血者食用。

烹饪技巧
猪肝要现切现做，新鲜的猪肝切后放置时间一长胆汁会流出，不仅损失养分，而且炒熟后会有许多颗粒凝结在猪肝上，影响外观和质量。所以猪肝切片后应迅速使用调料和湿淀粉拌匀，并尽早下锅。

大肠

挑选与储存

质量好的猪大肠，颜色呈白色，黏液多，异味轻。色泽变暗、有青有白、黏液少、异味重的质量不好。

性味

性寒，味甘，无毒。

营养成分

猪大肠含有丰富的蛋白质、脂肪以及钙、钾、磷、钠等微量元素，但胆固醇含量很高。

适宜人群

一般人均可食用。

适宜大肠病变，如痔疮、便血、脱肛者和小便频多者食用。

感冒期间忌食；因其性寒，凡脾虚便溏者亦忌。

烹饪技巧

猪大肠适于烧、烩、卤、炸，如"烧大肠段""卤五香大肠""炸肥肠""九转肥肠""炸扳指"等。

牛肉

挑选与储存

　　新鲜牛肉的脂肪洁白或呈淡黄色，次品肉的脂肪缺乏光泽，变质肉的脂肪呈绿色。

性味

　　性平，味甘，无毒。

营养成分

　　牛肉含有丰富的蛋白质、B族维生素、锌、镁、铁、钾，还含有丰富的肌氨酸、亚油酸、丙胺酸。

适宜人群

　　一般人群均可食用。

烹饪技巧

　　煮牛肉时，锅内同时放入少量用布袋装好的茶叶，不仅能使牛肉很快煮烂，而且肉味更鲜美。

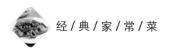

牛肚

挑选与储存

新鲜牛肉的脂肪洁白或呈淡黄色，次品肉的脂肪缺乏光泽，变质肉脂肪呈绿色。

性味

性温，味甘，无毒。

营养成分

牛肚含有的营养元素比较丰富，有蛋白质、脂肪、钙、磷、铁、硫胺素、核黄素以及尼克酸等。

适宜人群

一般人群均可食用。

尤其适宜于病后虚赢、气血不足、营养不良、脾胃薄弱之人。

烹饪技巧

烹饪牛肚最重要的是要先除去牛肚里的污物和异味，做法如下：

1. 先用盐将牛肚里外反复搓揉，有效去除牛肚里的黏液和污物。

2. 加少量醋继续搓揉，可去掉大部分异味。

3. 用清水洗涤一遍捞出，再用盐、醋（量可减少）搓揉一次，清水洗两遍，也可加一点苏打中和一下酸味。

羊肉

挑选与储存

市场上羊肉的主要类型是绵羊肉和山羊肉。挑选的时候要注意：绵羊肉黏手；而山羊肉发散，不黏手。绵羊肉纤维细短；山羊肉纤维粗长。

性味

性温，味甘，无毒。

营养成分

羊肉热量与营养都极为丰富，含有丰富的碳水化合物、蛋白质、维生素A、B族维生素、钾、钠、钙、磷、铁、硒、锌等营养成分。

适宜人群

一般人群均可食用。尤其适合怀孕的人食用，但也不宜食用过多。

烹饪技巧

羊肉中有很多膜，切丝之前应先将其剔除，否则炒熟后肉膜较硬，难以下咽。

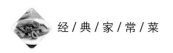
兔肉

挑选与储存
新鲜的兔肉肉色红润，有光泽的，脂肪呈黄色，表皮微干不粘手。

性味
性凉，味甘。

营养成分
兔肉含有丰富的蛋白质、维生素，且脂肪含量较低，对减肥美容十分有帮助。兔肉还含有比较丰富的必需氨基酸以及赖氨酸、色氨酸、卵磷脂等营养元素。

适宜人群
一般人群均可食用。 1.适宜老人、妇女，也是肥胖者和肝病、心血管病、糖尿病患者的理想肉食。 2.孕妇及经期女性、有明显阳虚症状的女子、脾胃虚寒者不宜食用。

烹饪技巧
兔肉适用于炒、烤、焖等烹调方法；可红烧、粉蒸、炖汤，但兔肉性偏寒凉，宜在夏季食用。

美味菜品

千张肉

主料➡ 新鲜猪五花肋条肉 500 克

配料➡ 芝麻油 100 克（实耗 50 克），金酱（用红糖炒制的酱）150 克，精盐 1 克，葱段 5 克，酱油 25 克，花椒 6 粒，豆豉 75 克，姜片 25 克，腐乳汁适量

·操作步骤·

① 猪五花肉放锅内，加清水置旺火上煮 30 分钟，捞出用金酱涂匀猪皮。

② 锅置旺火上，加芝麻油，烧至五成热，放入涂有金酱的肉块，炸至金黄色时捞出晾凉，切成 4.5 厘米长的薄肉片。

③ 取大碗一只，放入花椒、葱段、姜片垫底，再将肉片整齐放入碗内，将酱油、腐乳汁倒在肉块上，再加豆豉、精盐，连碗上笼用旺火蒸 4 小时，取出晾凉，临吃时再入笼蒸透，取出翻扣入盘，去掉花椒、葱段、姜片即可。

·营养贴士· 猪肉含有丰富的优质蛋白质和必需的脂肪酸，并提供血红素（有机铁）和促进铁吸收的半胱氨酸，能改善缺铁性贫血。

·操作要领· 切的肉块要薄，而且均匀，这样蒸出来的肉质软味香，肥而不腻。

合川肉片

主 料 猪腿肉 400 克

配 料 水发玉兰片 100 克，水发木耳 30 克，
鲜菜心 50 克，鸡蛋 25 克，泡辣椒、
姜、蒜、葱各 10 克，精盐 3 克，
酱油、醋、料酒各 10 克，糖 15 克，
味精 1 克，鲜汤 40 克，豆粉 25 克，
素油 150 克

操作步骤

① 猪肉切成长约 4 厘米、宽 4 厘米的薄片，
加精盐、料酒、鸡蛋、豆粉拌匀；水发
玉兰片切成薄片；泡辣椒去籽切成菱形，
姜、蒜切片，葱切成马耳朵形；酱油、糖、
醋、味精、豆粉、鲜汤兑成芡汁。

② 炒锅置旺火上，放素油烧热，将肉片理
平放入锅中，煎至两面都呈金黄色后，
将肉片拨至一边；放入泡辣椒、姜、蒜、
木耳、玉兰片、鲜菜心、葱，迅速炒几下，
然后与肉片炒匀；烹入芡汁，迅速翻匀
起锅，装盘即可。

营养贴士 本道菜荤菜素做，荤素搭配合
理，营养丰富，适宜各种人群
食用。

干豆角蒸肉

主 料 干豆角 100 克，新鲜猪肉 300 克

配 料 蚝油 15 克，辣椒粉 15 克，红辣椒、
葱花各少许，植物油、精盐各适量

操作步骤

① 将猪肉切块，用精盐和蚝油腌渍备用；
干豆角用凉水稍泡，然后捞出切成小段；
红辣椒切成小段。

② 锅置火上，倒入植物油，烧至六成熟，
下干豆角炒香，撒辣椒粉、精盐，炒匀，
盛入碗里，再将处理好的猪肉放到干豆
角上，淋适量水。

③ 将碗放入高压锅，隔水蒸半小时，出锅
后撒入红辣椒和葱花即可。

营养贴士 干豆角和肉搭配，吸收了肉的
汤汁和味道，既营养又下饭。

竹篱**飘香肉**

主　料 带皮五花肉 400 克

配　料 鸡蛋 1 个，面包糠 30
克，生粉、吉士粉各
20 克，干椒 50 克，
植物油 1000 克（实
耗 30 克），精盐、
味精粉各 4 克，广东
米酒 10 克，葱花 5 克，
鸡精 2 克，香油 2 克

·操作步骤·

① 五花肉烫毛，洗净，入水锅内煮至断生，
切成 5 厘米长、3 厘米宽、0.4 厘米厚的
片，放入盆内，加精盐、味精粉、鸡精、
鸡蛋黄、吉士粉、广东米酒、生粉拌匀，
裹上面包糠待用；干椒切段。

② 净锅置旺火上，放入植物油，烧至六成热，
下入五花肉炸至金黄色，倒出沥干油。

③ 锅内留底油，烧至五成热，下干椒段煸
香，放入五花肉片，加精盐、味精粉炒匀，

淋香油，撒葱花，装入竹篱内即可。

·营养贴士· 本道菜营养丰富，容易吸收，
能起到补充皮肤养分、美
容的效果。

·操作要领· 炸五花肉时要注意控制好火
候，油烧至六成热时下入
五花肉，小火炸至金黄色
即可。

生爆盐煎肉

主料 五花肉 200 克，青蒜 100 克

配料 剁椒 20 克，白糖 8 克，精盐 5 克，高度白酒 30 克

·操作步骤·

① 五花肉洗净切薄片，加入精盐、高度白酒 20 克，拌匀腌 30 分钟，沥去水分；青蒜切成菱形片。

② 炒锅不放油，小火慢慢加热，放入五花肉片，继续用小火焙出油，肉片出香味、微微发黄变卷曲后盛出备用。

③ 锅中留少量油，中火加热到三成热，放入剁椒，炒出红油，倒入煎好的肉片，放入白糖，淋入剩余的白酒，炒到肉片变红上色，最后倒入青蒜翻炒片刻即可。

·营养贴士· 本道菜具有补肾养血、滋阴润燥的功效。

回锅肉

主料 五花肉 250 克

配料 红椒 45 克，青蒜 30 克，笋 50 克，甜面酱 20 克，豆瓣辣酱 10 克，白砂糖 8 克，味精 5 克，大豆油 30 克，精盐适量

·操作步骤·

① 五花肉洗净，整块放入冷水中煮约 20 分钟，捞出，待冷却后切成薄片备用；红椒洗净，去蒂去籽，切成小片；青蒜去干皮，切段；笋洗净切片。

② 炒锅入油，先下肉片爆炒，见肥肉部分收缩，再放入红椒炒数下，盛出备用。

③ 锅中留底油，将甜面酱、豆瓣辣酱炒香，加白砂糖、味精、精盐翻炒均匀，放入炒好的肉片、红椒和笋片一起翻炒。

④ 起锅前加青蒜同炒，待香味散出，即可盛盘食用。

·营养贴士· 五花肉含有的必需氨基酸全面、数量多，而且比例恰当，容易消化吸收。

樱桃肉

主料 猪里脊肉 200 克

配料 干淀粉 50 克，番茄酱 100 克，醋 15 克，白糖 30 克，精盐 5 克，植物油适量，料酒少许

·操作步骤·

① 里脊肉切成 1.5 厘米见方的块，加少许料酒和精盐拌匀，静置 5 分钟；干淀粉用少许水搅成浓稠的淀粉糊，倒入肉丁中用手轻轻抓匀；醋、白糖、精盐、30 克水和一点点干淀粉拌匀成味汁。

② 锅中放植物油，烧至五成热，将拌好淀粉糊的肉丁逐一放入油锅中，炸至刚变色捞出，油再次烧热，倒入肉丁复炸至金黄色捞出。

③ 锅中留少许底油，放入番茄酱，小火炒香出红油后倒入拌好的味汁，转中火至浓稠，点入少许熟油，倒入炸好的肉丁，炒至每块肉丁都沾满浓汁即可。

·营养贴士· 猪里脊肉含有人体生长发育所需的丰富的优质蛋白、脂肪、维生素等，而且肉质较嫩，易消化。

·操作要领· 本道菜品糖分含量多，火力要小，否则易焦煳。

麻辣里脊片

主料 里脊肉 500 克

配料 竹笋、鲜汤、淀粉、蛋清、姜末、辣椒、麻椒、味精、花椒粉、酱油、白糖、豆瓣酱、红油、植物油各适量

· 操作步骤 ·

① 将里脊肉切成大薄片，加酱油、蛋清、淀粉抓匀；竹笋洗净焯水过凉，切条；姜切末；辣椒切碎。

② 将酱油、白糖、花椒粉、姜末、味精、淀粉、鲜汤调成芡汁。

③ 锅内倒入植物油烧至四成热，下入肉片滑散至熟倒出，再下入竹笋条、辣椒碎、麻椒、豆瓣酱，烹入芡汁，淋上红油即可。

营养贴士 本道菜麻辣十足，再加上竹笋增色添香，暖胃又暖身。

香酥炸肉

主料 猪瘦肉 300 克

配料 鸡蛋 50 克，面粉 30 克，淀粉 20 克，葱花、食用油、精盐、五香粉、酱油、料酒各适量

· 操作步骤 ·

① 猪肉洗净切片，加入酱油、料酒、精盐、淀粉、五香粉腌渍 20 分钟入味。

② 取一个大碗加入面粉、淀粉、鸡蛋；再加入适量的葱花、清水和精盐搅拌均匀，成为面糊备用。

③ 把腌渍好的肉片放入面糊中裹满面糊，待油锅油烧温热放入肉片；肉片炸至金黄即可。

营养贴士 猪瘦肉含蛋白质较高，每 100 克可含高达 29 克的蛋白质，含脂肪 6 克。

蒜烧**排骨**

主 料▶ 排骨 600 克，蒜 50 克

配 料▶ 植物油 70 克，精盐、姜、白糖、生抽、老抽、蚝油、鸡粉、料酒、香菜各适量

·操作步骤·

① 排骨洗净切段；姜切片；香菜切段。

② 锅里加入植物油，待油热时下排骨翻炒；排骨变色后加入姜片、蒜；炒到蒜和排骨有少许焦黄时加入料酒、精盐均匀翻炒。

③ 锅内加入热水、白糖、生抽、鸡粉、老抽、蚝油焖煮；待汁干加入香菜即可。

·营养贴士· 本道菜具有补肾养血、滋阴润燥、预防心血管疾病、促进新陈代谢、抗老化的功效。

·操作要领· 排骨要煎炒到金黄色再加水，这样才酥香。

蒜泥**猪腿肉**

主 料 生净带皮猪后腿肉 250 克

配 料 葱 2 根，姜 3 片，蒜泥、白糖、香油、酱油各适量，香菜、干辣椒段、辣椒油、味精各少许

· 操作步骤 ·

① 将猪后腿肉放入锅中，加足量水，葱切段，姜拍碎一起加入，旺火煮至肉皮软，关火，浸泡 15 分钟。

② 捞出猪后腿肉，沥干水分，切成大小合适的薄片摆盘，点缀些香菜、干辣椒段。

③ 将蒜泥、味精、白糖、酱油、香油、辣椒油放入碗中调成汁，与摆好盘的猪后腿肉一起上桌即可。

· 营养贴士 · 蒜所含的蒜素与肉（特别是瘦肉）中所含的维生素 B_1 一经结合，就会使它能很容易地通过我们身体内的各种膜，并使它被吸收的效率上升几倍。

酥炸**排骨**

主 料 猪排骨肉 400 克

配 料 鸡蛋 1 个，精盐、干淀粉、湿淀粉、花生油各适量

· 操作步骤 ·

① 将排骨洗净，放沸水中焯去血水，捞出吸干水分，切块备用；鸡蛋打到碗里，搅拌均匀。

② 碗中放入排骨块，加入精盐、湿淀粉拌匀，再放鸡蛋液调匀，然后拍上干淀粉。

③ 炒锅倒油烧至七成热，放入排骨炸至金黄色，捞出沥去油，装盘即可。

· 营养贴士 · 排骨含有大量的磷酸钙、骨胶原、骨黏蛋白等，具有很高的营养价值。

湖南糖醋排骨

主 料▶ 排骨 300 克

配 料▶ 辣椒面 1 小碟，白糖、香醋、葱花、食用油、食盐各适量

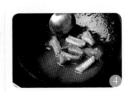

准备所需主材料。

将排骨切成段。

锅中放入食用油，将排骨放入油中炸制，捞出控油。

锅内留少许油，放入白糖炒出糖色，放入排骨翻炒均匀，锅中倒入适量水，加入少许盐小火焖10分钟，大火收汁，收汁的时候放入香醋和辣椒面，撒上葱花即可出锅。

营养贴士：糖醋排骨可以提高排骨的营养吸收率，非常适合给老人和孩子补钙。

操作要领：排骨要切得大小适中，炸制时，七八分熟即可捞出。

四川炒猪肝

主 料 猪肝 500 克，洋葱 200 克

配 料 干辣椒碎、花椒、红油、姜、蒜、精盐、味精、植物油各适量

·操作步骤·

① 猪肝在水龙头下反复冲洗至没有血水，然后在清水中泡 30 分钟，取出切成片状，再用水反复冲洗至没有血水后投入沸水中，煮 1~2 分钟后用漏勺捞起，用凉水冲凉，沥干待用。

② 洋葱洗净剥去外皮，切成粗丝；干辣椒切碎；姜、蒜切末。

③ 锅中倒植物油烧热，放入姜末、蒜末、花椒、干辣椒碎炒香，放入猪肝爆炒，加入洋葱翻炒至八成熟，加入精盐、味精、红油，翻炒至熟即可。

·营养贴士· 猪肝含有丰富的营养物质，具有营养保健功能，是最理想的补血佳品之一。

·操作要领· 猪肝一定要完全煮熟，以去除猪肝中的毒素、病菌、寄生虫卵。

宫保腰块

主料 猪腰 400 克

配料 红辣椒 25 克, 料酒 20 克, 水芡粉 35 克, 猪油 500 克（耗 175 克）, 高汤 50 克, 葱 50 克, 姜、蒜 各 7 克, 味精 1 克, 精 盐 1 克, 酱油 32 克, 白 糖 17 克, 醋 17 克, 花 椒 10 粒, 辣椒面 3 克

·操作步骤·

① 猪腰洗净片成两块，去腰臊，用刀在腰 的里面划上十字花刀，再切块，加料酒、 精盐、水芡粉（25 克）拌匀；白糖、醋、 酱油、味精、高汤、水芡粉（10 克）兑 成汁；红辣椒切成马耳朵形的段，姜、 蒜切薄片，葱切段。

② 猪油下锅，旺火烧至八成热，放入腰块 滑散，用漏勺捞出。

③ 锅中留油 100 克，放入红辣椒段炒香，

加入花椒、腰块、葱、姜、蒜、辣椒面 炒匀，随即沿着锅边倾下兑好的汁，迅 速翻炒两三下，汁水起小泡时即可出锅。

·营养贴士· 猪腰含有蛋白质、脂肪、碳 水化合物、钙、磷、铁和 维生素等，有健肾补腰、 和肾理气之功效。

·操作要领· 兑好的汁要快速倾下，以免 粘锅。

炸培根芝士条

主料► 面粉 300 克，培根 30 克，鸡蛋 2 个

配料► 芝士 10 克，酵母 2 克，芝麻、植物油各适量

·操作步骤·

① 鸡蛋打散；面粉加水、酵母揉搓成面团，静置醒面；培根、芝士切丁混合；取出醒好的面，揉搓成长条，制成剂子，擀平，包入培根、芝士，揉搓成长条状，涂满蛋液，裹上芝麻。

② 油锅烧热，放入培根芝士条炸至色泽金黄即可。

·营养贴士· 培根中磷、钾、钠的含量丰富，还含有脂肪、胆固醇、碳水化合物等成分，有健脾、开胃、祛寒、消食等主要功效。

圆笼粉蒸肥肠

主料► 猪大肠 300 克，蒸肉粉适量

配料► 鲜棕叶、香辣酱、豆瓣酱、绍酒、腐乳、精盐、蚝油、姜末、蒜末、白糖、酱油、花生油、葱花、香菜各适量

·操作步骤·

① 将大肠洗净切成块，入沸水锅中焯烫一下，捞出过凉水，沥干水分，放入碗中，加入姜末、蒜末、腐乳、绍酒、豆瓣酱、香辣酱、白糖、精盐、蚝油、酱油腌渍 15 分钟。

② 将腌好的大肠拌入蒸肉粉、花生油，放入垫好棕叶的小笼内，入笼蒸 1 小时至酥烂透汁，撒上葱花、香菜即可。

·营养贴士· 本道菜营养丰富，有健脾开胃、防治便秘的作用。

湘辣霸王肘

主 料 猪肘 1250 克

配 料 鲜红椒碎 10 克，灯笼泡椒 40 克，糖色 5 克，油、八角、桂皮、草果、波扣、花椒、精盐、海鲜酱、白糖、排骨酱、花雕酒、干红椒碎、姜末、大葱末、葱花各适量

·操作步骤·

① 肘子用火烧去短毛，泡在热水中刮洗干净；放沸水中加糖色 3 克，煮至皮面松软，捞出沥干。

② 锅内放油烧至九成热，将收干了热气但没有冷却的肘子皮朝下放入，炸至红色并起皱纹，放入开水中略煮 2 分钟。

③ 锅内放油，下大葱、姜、八角、桂皮、草果、波扣、花椒、海鲜酱、排骨酱、鲜红椒、干红椒、白糖炒香，倒入煮肘子的鲜汤约 2000 克；烧开后倒入底部放有竹篾

垫的沙罐中，再放入肘子，另加花雕酒、糖色 2 克，加精盐调味，小火将肘子煨烂；扣在大盘中，将灯笼泡椒放入油锅内炒香后围边，撒葱花即可。

·营养贴士· 猪肘含有大量的胶原蛋白质，是使皮肤丰满、润泽，强体增肥的食疗佳品。

·操作要领· 炸好的肘子一定要用热水泡煮，否则虎皮效果出不来，皮是硬的，会蒸不烂。

酸萝卜炖猪蹄

主 料 猪蹄 2 只，酸萝卜 1 个

配 料 西红柿 1 个，花椒 10 粒，老姜、精盐、味精、白酒、冰糖、白胡椒粉各适量

·操作步骤·

① 猪蹄去毛，洗净，剁成 2 厘米的段状备用；西红柿切片；酸萝卜切片。

② 锅中注水，放入猪蹄、老姜、白酒、精盐，煮开后捞出过凉水。

③ 另起锅注水，放入刚焯过的猪蹄、老姜煮开，撇去浮沫，然后放入花椒、酸萝卜片、西红柿片、精盐、味精、冰糖和白胡椒粉，盖上锅盖，转文火慢炖 90 分钟即可。

·营养贴士· 本道菜含有丰富的维生素及钙、磷、铁、锌等营养物质，有助于增强机体的免疫。

卤猪蹄

主 料 猪蹄 2 个

配 料 酱油 50 克，姜片 8 克，八角 3 个，花椒 3 克，干辣椒 10 个，料酒 10 克，葱段 2 根，草果 2 个，香叶 4 片

·操作步骤·

① 将猪蹄一切为二，清洗干净，入锅中焯水。

② 将焯过水的猪蹄装入炖锅中，加入大半锅水，加入料酒、酱油、葱段、姜片、花椒、干辣椒、八角、香叶、草果，大火烧开，转小火炖 2 小时。

③ 将猪蹄捞出放入碗中即可。

·营养贴士· 猪蹄营养丰富，含多种胶原蛋白，经常食用，对人体具有养颜、抗衰老的保健作用。

石湾**脆肚**

主 料 新鲜猪肚 400 克

配 料 干黄贡椒 15 克，蒜
头 20 克，猪油 80 克，
精盐 5 克，米酒 10 克，
蚝油 3 克，酱油 1 克，
味精、胡椒粉各 1 克

·操作步骤·

① 干黄贡椒切碎；蒜头剁碎；猪肚用清水
刮洗干净，用干清洁布擦干，斜纹切 0.3
厘米宽肚丝，放 3 克精盐、酱油、蚝油、
味精、米酒拌匀腌一会儿。

② 锅中放猪油烧热，放入干黄贡椒、蒜头，
加精盐 2 克，煸炒至香出锅。

③ 锅中另热油，放入肚丝，爆炒至肚丝卷
起断生，倒入干黄贡椒、胡椒粉翻炒均
匀出锅装盘。

·营养贴士· 猪肚中含有大量的钙、钾、
钠、镁、铁等元素和维生
素 A、维生素 E、蛋白质、
脂肪等成分，可以补虚损、
健脾胃。

·操作要领· 中火炒辣椒、大火炒肚丝，
这样炒出来的肚丝才会香
辣脆爽，余味绵长。

灯影**牛肉**

主 料 牛肉 500 克

配 料 糖 5 克，绍酒、酱油各 5 克，蒜泥、花椒粉、味精、精盐、熟白芝麻各少许，红油、植物油各适量

·操作步骤·

① 将洗净的牛肉上笼蒸熟，切成片，越薄越好。

② 锅中入植物油烧至七成热时，将牛肉片放入锅内，炸至稍有油色(金黄色)取出。

③ 另取一个锅，放入少许植物油，放入蒜泥、酱油、糖，再将牛肉片倒入锅内翻炒几下，加绍酒炒匀，加入精盐、味精调味，出锅前淋红油，撒上花椒粉、熟白芝麻即可。

·营养贴士· 牛肉含有大量的蛋白质、脂肪、维生素 B_1、维生素 B_2、钙、磷、铁等成分，含人体必需的氨基酸甚多，故营养价值较高。

·操作要领· 牛肉切成的片越薄，口感越好。

原笼牛肉

主料 ▶ 牛肉（肥瘦）650 克，地瓜 600 克

配料 ▶ 蒸肉粉 100 克，豆瓣酱、甜面酱各
15 克，酱油 15 克，葱花 10 克，
白砂糖、味精各 10 克，色拉油 5 克，
香油 3 克，姜末 3 克，冷高汤适量

• 操作步骤 •

① 牛肉整理干净，切成薄片；地瓜洗净，
去皮，切成丁；蒸肉粉用净锅略加烘烤
后备用。

② 豆瓣酱、甜面酱、酱油、白砂糖、味精、
色拉油、姜末拌和均匀，放入牛肉中腌

20 分钟，然后加入冷高汤将肉片润湿，
再一一敷上蒸肉粉。

③ 地瓜丁在剩余的调料中稍浸，铺在小蒸
笼的笼底，上置肉片，大火蒸 40 分钟，
取出，淋香油，撒葱花即可。

• 营养贴士 • 本道菜中蛋白质含量高而脂
肪含量低，味道鲜美。

• 操作要领 • 肉切得薄，腌料才入味，外
加一层蒸肉粉阻隔肉香挥
发，可使肉片更加香嫩可口。

木桶**牛肉**

主 料 牛肉 300 克，红辣椒 3 个
配 料 蒜薹段、卤汁、食盐各适量

准备所需主材料。

将牛肉煮熟后切成片，将红辣椒切圈。

锅内放入适量卤汁，放入切好片的牛肉煮至牛肉入味。

锅内放入红辣椒圈、蒜薹段、食盐炖煮至熟即可。

营养贴士：本道菜富含肌氨酸，对增长肌肉、增强力量特别有效。

操作要领：牛肉在煮制前，先放入清水中浸泡 1 小时以便去除腥味。

鸡汁牛蹄筋

主料 牛蹄筋 300 克，小白菜 200 克

配料 鸡汤 700 克，猪油 30 克，料酒 40 克，鸡油 10 克，食盐 5 克，鸡精 2 克，葱段、姜片各适量，胡椒粉少许

·操作步骤·

① 牛蹄筋放入冷水锅煮开后捞出，洗净后再次下入冷水锅，以旺火烧开再转小火焖煮，煮至熟软时捞出，剔去杂质，切大块。

② 小白菜摘去边叶，留小苞，洗净，放入沸水中焯至断生。

③ 炒锅中加入猪油，六成热时下入葱段、姜片煸炒，再下入牛蹄筋、料酒、食盐、鸡汤，烧开后倒入砂锅中，小火煨 30 分钟使蹄筋烂透入味，转大火调入鸡精、胡椒粉收浓汁，加入小白菜苞，淋鸡油即成。

·营养贴士· 本道菜具有强筋壮骨之功效。

豆豉牛肚

主料 牛肚 300 克

配料 青辣椒、红辣椒、葱白各 10 克，豆豉、植物油、精盐、鸡精、料酒、蒜汁各适量

·操作步骤·

① 将牛肚洗净后切片备用；青辣椒、红辣椒、葱白切丝备用。

② 锅内放植物油烧热，倒入牛肚翻炒，并放入适量的蒜汁、豆豉、精盐、鸡精和料酒调味。

③ 翻炒均匀后出锅，用青椒丝、红椒丝、葱丝点缀即成。

·营养贴士· 本道菜具有补虚、益脾胃的功效。

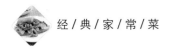

石锅羊腩茄子

主料 羊腩 300 克，茄子 500 克

配料 胡萝卜 50 克，青豆、玉米粒各 20 克，高汤 300 克，色拉油 700 克（实用 150 克），老抽、精盐、自制卤水、味精、鸡粉、海鲜酱、柱侯酱、葱段、姜片、蒜片各适量

·操作步骤·

① 羊腩入卤水中，小火卤 40 分钟至熟，取出备用。

② 茄子洗净，打蓑衣刀花，放入烧至五成热的色拉油中小火浸炸 3 分钟，捞出控油。

③ 锅内留油 30 克，烧至七成热时放入葱段、姜片、蒜片小火爆香；放入高汤、胡萝卜、青豆、玉米粒、茄子小火烧开；放入羊腩小火烧 20 分钟，用老抽、精盐、味精、鸡粉、海鲜酱、柱侯酱调味；出锅装入垫有葱段的锅内即可。

·营养贴士· 本道菜具有美容养颜、软化血管、进补防寒的功效。

·操作要领· 自制卤水：毛汤 10 千克、白芷 15 克、山奈 10 克、良姜 10 克、丁香 5 克、小茴香 18 克、八角 20 克、花椒 20 克、肉桂 10 克、白蔻 12 克，大火烧滚 1 小时即可。

九味烹
羊里脊

主 料➡ 羊里脊 700 克

配 料➡ 鸡蛋清 50 克，花生油 1000 克（实耗 100 克），料酒 20 克，精盐 8 克，味精 1 克，醋 10 克，辣椒酱 20 克，花椒粉 5 克，白糖 15 克，葱花、姜末、蒜末各 15 克，香油 15 克，湿淀粉（豌豆）50 克，清汤、香菜各适量

·操作步骤·

① 羊里脊肉横切成 3 厘米厚的块，用刀拍一下，再用刀背捶松，放料酒和精盐腌上，再用鸡蛋清、湿淀粉 40 克调匀浆好；香菜择洗干净；用清汤、味精、白糖、精盐、醋、辣椒酱、湿淀粉 10 克、香油兑成汁。

② 锅内放入花生油烧到七成热，下羊里脊肉炸一下捞出，待油锅水分烧干后，再下入羊里脊重炸至香酥透，倒入漏勺沥油；锅中留底油，下姜末、蒜末、葱花、

花椒粉炒出香味，倒入炸酥的羊里脊片和兑汁，翻颠几下，装入盘内，周围拼香菜即成。

·营养贴士· 羊肉能暖中补虚，补中益气，开胃健身，益肾气，养胆明目，治虚劳寒冷、五劳七伤。

·操作要领· 羊里脊肉切块后，用刀拍一下，再用刀背捶松后，更易腌渍入味。

红焖羊排

主料▶ 羊排 500 克

配料▶ 花生仁 30 克，植物油 50 克，葱花、
姜末、胡椒粉、蒜瓣、八角、花椒、
山柰、桂皮、水淀粉、香油、酱油、
白糖各适量

·操作步骤·

① 将羊排洗净，剁成 7 厘米长的段，再用
流水冲洗，捞出沥干备用。

② 坐锅点火，加植物油烧热，先下入姜末
炒香，再倒入羊排，加入酱油煸炒 5 分
钟，然后添入适量清水，加入八角、花
椒、山柰、桂皮、白糖、胡椒粉、花生仁、

蒜瓣，用小火焖煮，待汤浓汁稠时用水
淀粉勾薄芡，淋入香油，撒上葱花即可。

·营养贴士· 羊排性温，冬季常吃羊肉，
不仅可以增加人体热量，
抵御寒冷，而且还能增加
消化酶，保护胃壁，修复
胃黏膜，帮助脾胃消化，
起到抗衰老的作用。

·操作要领· 用砂锅焖煮时，一定要焖两
个小时以上，否则羊排不
够熟烂，吃起来很累牙。

麻辣羊蹄花

主料 羊蹄肉 2500 克

配料 泡菜 100 克，干辣椒、大蒜各 30 克，
精盐 10 克，香油 10 克，味精、胡
椒粉各 5 克，料酒 50 克，酱油 3 克，
大葱 15 克，湿淀粉、猪油、姜、
桂皮、红辣椒碎、香菜各适量

·操作步骤·

① 羊蹄放火上去毛，用温水泡上刮洗干净，
剁去爪尖，放入冷水锅中煮透捞出，用
清水洗净，放入垫有竹篾的砂锅内；放
水没过羊蹄，放料酒、精盐、酱油、桂皮、
干辣椒和拍破的葱、姜，旺火烧开，撇

去泡沫，转小火煨到七成烂时捞出；稍冷，
把骨拆去，扣入碗内，皮朝下，放入原汤，
再上笼蒸烂；泡菜切碎；香菜洗净切段；
大蒜洗净，切成片。

② 将猪油烧到六成热，下泡菜、大蒜、红
辣椒碎炒一下，取出羊蹄花翻扣在盘内，
把汁滗入锅中，加味精，用湿淀粉勾芡，
撒上胡椒粉，再淋上香油，撒香菜即可。

·营养贴士· 羊蹄味甘、性平、无毒，可
补肾益精、治肾虚劳损。

·操作要领· 羊蹄要用小火煨熟。

连锅羊肉

主料 羊腿肉 300 克

配料 菠菜 100 克，白萝卜 80 克，清汤 800 克，绍酒 30 克，葱段 15 克，姜 3 片，大料 2 颗，食盐 5 克，胡椒粉少许，米醋适量

·操作步骤·

① 羊腿肉切成约 7 厘米长的块，放在锅中加水（加点米醋，去膻味）煮 30 分钟至熟，取出。

② 另放清汤与羊腿肉同煮，加入葱段、姜片、大料煮约 1 小时，放进绍酒、食盐、胡椒粉，再以小火煮 30 分钟。

③ 取出羊腿肉，待稍凉切成片，过滤锅内料渣，取汤汁。

④ 菠菜择好，洗净；白萝卜洗净，切薄片。

⑤ 取一只浅底砂锅，以菠菜、白萝卜片垫底，上面码上羊腿肉，注入汤汁，放在火上煮沸即可。

·营养贴士· 本道菜是助元阳、补精血、疗肺虚、益劳损之佳品。

·操作要领· 煮羊肉时加点米醋，可去除膻味。

酸辣
兔肉丁

主料▶ 兔肉 500 克

配料▶ 红辣椒 5 个，
湿淀粉 20 克，
水发香菇、葱、
姜、蒜、花椒、
醋、辣椒油、
精盐、胡椒粉、
植物油各适量

·操作步骤·

① 兔肉切丁；红辣椒切段；水发香菇切块；
葱切葱花；姜、蒜切末。

② 兔肉丁用精盐 1 克及胡椒粉入味，再用
湿淀粉拌匀上浆，下入四成热的植物油
中滑熟，倒入漏勺。

③ 锅中倒植物油烧热，放入葱花、姜末、
蒜末、花椒爆香，放入红辣椒、水发香
菇翻炒至辣椒变软，再放入兔肉翻炒，

加入醋、辣椒油翻炒至入味后，加少许
水焖一小会儿。

④ 打开锅盖，大火收汁，加入精盐调味后
盛盘即可。

·营养贴士· 本道菜醇香滑嫩、咸鲜酸辣，
具有开胃的作用。

·操作要领· 肉丁上浆要匀，滑油时油温
不能太高。

烤**兔肉**

主料▶ 兔腿肉 400 克

配料▶ 精盐、味精、
腐乳卤、胡椒
粉、汾酒、葱
段、姜丝、荷
兰芹叶各适量

·操作步骤·

① 将兔腿肉去骨洗净,肉向两边片薄,拍平,
然后加腐乳卤、汾酒、胡椒粉、味精和
精盐,腌渍 15 分钟。

② 在兔肉的一端放上葱段、姜丝,卷成兔
腿形,用细铁丝将兔腿捆住,用铁钩钩挂,
放在烤炉内,烘烤约 30 分钟即熟。

③ 将烤熟的兔腿拆去铁丝后,横切成片,
摆放在盘中,以荷兰芹叶点缀即成。

·营养贴士· 兔肉中蛋白质含量高达 70%,
比一般肉类都高,且脂肪
和胆固醇含量低于所有的
肉类,有"荤中之素"之称。

·操作要领· 烘烤过程中每隔 10 分钟刷 1
次麻油,味道更佳。

青芥 美容兔

主料 兔肉 500 克，青芥末少许

配料 萝卜干、八角、香叶、酱油、精盐、花椒水、味精、姜片、高汤、植物油、红油各适量

·操作步骤·

① 兔肉洗净放入锅中，放入八角、香叶、精盐、花椒水、味精、姜片煮熟，捞出切块摆盘。

② 锅里倒入植物油，加入高汤，挤出青芥末放在里面，搅拌均匀，放入红油、酱油烧热，盛出淋在兔肉上。

③ 萝卜干切碎，撒在兔肉上即可。

·营养贴士· 芥末酱味辛性温，具有良好的益气化痰、温中开胃、发汗散寒、通络止痛等功效。

·操作要领· 兔肉用刀拍松再切块，便于入味。

巴国钵钵兔

主 料 兔肉 1500 克

配 料 辣椒油、大豆油各 15 克，豆瓣、芝麻酱各 15 克，味精 2 克，姜片、大蒜（白皮）各 10 克，香油 2 克，葱花、酱油、醋、红油各适量

· 操作步骤 ·

① 先用酱油把芝麻酱调稀成类似于米汤状，再加入其他各味调料，调成怪味汁；豆瓣放入豆油油锅中炸酥。

② 兔肉加姜片、大蒜煮熟，捞起斩成条形，摆入陶钵，淋上怪味汁，撒上用油炸酥的豆瓣、葱花即可。

· 营养贴士 · 本道菜具有补中益气、滋阴养颜、生津止渴的功效。

· 操作要领 · 豆瓣一定要炸酥，而且炸至食时化渣。

美味禽蛋

↻ 鸡肉

挑选与储存
一般来说，新鲜卫生的鸡肉块大小不会相差特别大，颜色是白里透着红，看起来有亮度，手感比较光滑。

性味
性温，味甘。

营养成分
鸡肉富含蛋白质，其中含有全部必需氨基酸，是重要的优质蛋白来源。鸡肉还富含磷、铁、铜、锌等微量元素以及 B 族维生素、维生素 A、维生素 D 和维生素 K。

适宜人群
一般人均可食用。 老人、体弱者更宜食用。感冒发热、肥胖症、高血压、血脂偏高、胆囊炎、胆石症患者忌食。

烹饪技巧
先把姜切成末，放入鸡肉中腌 10 分钟，可去除鸡肉中的怪味。

常见食材

鸡胗

挑选与储存

新鲜的鸡胗富有弹性和光泽，外表呈红色或紫红色，质地厚实。不新鲜的鸡胗呈黑红色，无弹性和光泽，肉质松软，不宜购买。

性味

性寒，味甘。

营养成分

鸡胗富含胃激素、角蛋白、氨基酸等营养成分，而且铁含量也十分丰富。

适宜人群

一般人群均可食用。

烹饪技巧

鲜鸡胗要洗干净，可用开水焯一下去异味。

鸡蛋

挑选与储存

蛋壳上附着一层霜状粉末、蛋壳颜色鲜亮、气孔明显的是鲜蛋。陈蛋正好与此相反，并有油腻感。

性味

性平，味甘。

营养成分

鸡蛋含有的营养元素非常丰富，包括蛋白质，脂肪，氨基酸，钾、钠、镁等微量元素以及维生素 A，维生素 D 和 B 族维生素。鸡蛋的脂肪多集中在蛋黄中，且多为不饱和脂肪酸。鸡蛋黄含有大量胆固醇，但因为鸡蛋中的卵磷脂能够使胆固醇和脂肪颗粒变小悬浮，阻止其沉积在血管壁，所以适量吃鸡蛋并不会造成血管硬化。

适宜人群

一般人都适合。

尤其适宜婴幼儿、孕妇、产妇、病患者食用。

烹饪技巧

鸡蛋吃法多种多样，就营养的吸收和消化率来讲，煮蛋为 100%，炒蛋为 97%，嫩炸为 98%，老炸为 81.1%，开水、牛奶冲蛋为 92.5%，生吃为 30%~50%。

鸭肉

挑选与储存

挑选鸭肉应该看是否新鲜，是否有变质现象，若有包装要看包装是否完好，是否有厂名、厂址等。

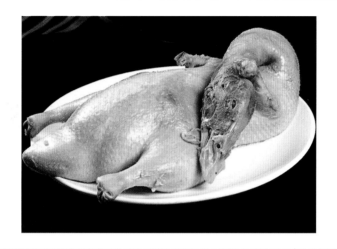

性味

性微凉，味甘、咸。

营养成分

鸭肉营养价值极高，含有丰富的蛋白质、脂肪、B族维生素和维生素E。鸭肉的脂肪多为不饱和脂肪酸和低碳饱和脂肪酸，具有降低胆固醇的作用。

适宜人群

适用于体内有热、上火的人食用。发低热、体质虚弱、食欲不振、大便干燥和水肿的人食之更佳。

烹饪技巧

鸭肉较腥，烹饪前一定要用水焯一遍。同时，应将鸭屁股切除不用。

糊涂鸡

主料 三黄鸡半只

配料 泡辣椒50克，红油15克，白醋20克，蒜蓉15克，食盐5克，葱段、姜片、料酒各适量，鸡精、麻油各少许

· 操作步骤 ·

① 三黄鸡在清水中浸泡一会儿，然后把血水冲洗干净。

② 锅内加清水，放入姜片、葱段、适量食盐、料酒、鸡，大火烧开后改用小火浸煮15分钟左右（水不能沸），捞出鸡放入凉开水中浸凉，取出沥干，切块。

③ 泡辣椒剁细，与剩余配料调匀，均匀地淋在切好的鸡段上，静置15分钟即可食用。

· 营养贴士 · 本道菜具有增强免疫力的功效，处于亚健康状态的白领可以多吃一些。

· 操作要领 · 浸煮鸡时一定要注意火候大小及时间，过火就柴了，反之则未熟。

元谋凉鸡

主料 仔鸡 1 只

配料 青菜、干辣椒、生抽、精盐、蒜末、
油各适量

·操作步骤·

① 青菜洗净，切段，放沸水中焯熟；干辣
椒斜切丝。

② 将仔鸡宰杀后，去净鸡毛，打开鸡膛洗
净后，整只鸡放于锅中，加精盐，用清
水慢慢烫，边煮边放清水，待鸡皮明显
萎缩，捞出冷却后切块，摆盘，放上青
菜段、蒜末、生抽。

③ 锅中放油，放入干辣椒丝炸香，趁热倒
入鸡块上，即为肉鲜味美的凉鸡。

营养贴士 仔鸡的肉里含蛋白质较多，而
弹性结缔组织极少，所以容易
被人体的消化器官所吸收。

白切鸡

主料 嫩公鸡 1000 克

配料 食盐 5 克，麻油 6 克，红辣椒圈、
香菜各少许

·操作步骤·

① 辣椒切圈；鸡洗净，放在盐水中煮 15 分
钟（中途取出两次，倒出腔中的水），取出，
放在冷开水中浸泡冷却，再放入原汁中
浸泡。

② 食用时将鸡取出，晾干表皮，抹上麻油，
斩成小块，盛入盘中，摆成鸡形，摆上
辣椒圈，撒上香菜叶装饰即可。

营养贴士 嫩公鸡的肉占体重的 60% 左
右，还含有更多丰富的蛋白质
和磷酸，所以营养价值更高，
有增强体力、强壮身体的作用。

软炸**鸡**

主 料 鸡脯（或鸡腿）250 克

配 料 鸡蛋 1 个，菱粉 75 克，猪油、黄酒、食盐、鸡精各适量

·操作步骤·

① 将鸡脯去皮，去筋，用力拍松，再切成长块。

② 将猪油、黄酒、食盐、鸡精调在小碗里，放鸡块浸一下，然后放入打散的鸡蛋里抓一抓，最后放在湿菱粉内抓一抓。

③ 锅中放入猪油，至八成热时，放入鸡块，鸡块呈金黄色时，捞出控油，装盘即成。

·营养贴士· 鸡肉含有对人体生长发育有重要作用的磷脂类，是中国人膳食结构中脂肪和磷脂的重要来源之一。

·操作要领· 软炸时的油温控制得要低，口感不可太脆，也不需要在炸的时候进行二次回锅炸制。

松子**鸡**

主料 母鸡1只（750克），松子仁10克

配料 净猪肋条肉150克，炸好的粉丝10克，葱、姜、干淀粉、水淀粉、酱油、白糖、料酒、盐、芝麻油、鸡清汤、花生油各适量

·操作步骤·

① 将鸡宰杀洗净，取鸡脯、腿肉，剔去骨，在肉的一面排剞；猪肋条肉斩成蓉，加酱油、白糖、料酒、盐搅匀；在鸡肉上拍干淀粉，抹上肉馅，用刀排斩，使其黏合，上嵌松子仁。

② 锅上火烧热放花生油，下鸡块煎炸，取出放入垫有竹箅的砂锅内，加入鸡清汤、酱油、白糖、葱、姜，上火焖至酥烂。

③ 将焖好的鸡块取出放入盘内，原汁上火烧沸用水淀粉勾芡，淋芝麻油，浇在上面，摆上炸好的粉丝装饰即可。

·营养贴士· 本道菜具有补气补血、祛风的功效。

麻油**鸡**

主料 嫩鸡1只

配料 什件（鸡的内脏）、菠菜、白芝麻、木耳、麻油、生姜、植物油、料酒、白糖、食盐、各适量

·操作步骤·

① 把嫩鸡清洗干净后切成块，放入开水锅中焯水，放入料酒煮开，撇去浮沫，把鸡肉捞出备用；生姜切成片；木耳泡发洗净，撕小朵；什件切片，放在开水中焯一下；菠菜洗净，焯熟。

② 热锅加少量植物油，下生姜片翻炒至颜色变深，加入焯好水的鸡块，翻炒几下，加入清水没过鸡肉；大火煮开后改小火煮10分钟左右，加入什件和木耳继续小火煮5分钟左右，加入3克白糖，加食盐调味；放菠菜拌匀，淋麻油，撒上白芝麻即可。

·营养贴士· 本道菜对营养不良、畏寒怕冷、乏力疲劳、月经不调、贫血、虚弱等有很好的食疗作用。

黄焖**鸡块**

主 料 鸡肉 300 克

配 料 冬笋、香菇各 100 克，香芹 50 克，蒜 10 克，食盐、白糖各 10 克，黄酒、酱油各 30 克，植物油 35 克，白汤 200 克

·操作步骤·

① 鸡肉放到沸水中余 2 分钟，捞出，冷却后切成小块备用；冬笋去老皮，洗净切片；香芹洗净切段；香菇去蒂，切成小块；蒜切末备用。

② 将炒锅置旺火上烧热，放入植物油，放入蒜末爆香，下入鸡块、香菇、冬笋，用食盐、酱油、白糖调味，然后加入黄酒、白汤，煮沸后移至微火上，炖至汤汁稠浓时盛入盘中。

③ 香芹放入沸水锅中，焯熟，捞出，沥干水分，放入盘内即成。

·营养贴士· 鸡肉肉质细嫩，蛋白含量高，加上维生素含量丰富的香菇和冬笋，营养更加全面。

·操作要领· 制作过程中要加入白糖，这可以为鸡肉增添鲜味，且祛除异味。

鱼香脆鸡排

主料 鸡胸肉 500 克，鸡蛋 5 个，面包糠适量

配料 蒜末、豆瓣酱、糖、醋、酱油、姜末、葱末、精盐、生粉、植物油各适量

·操作步骤·

① 鸡胸肉洗净切片，用少量精盐和生粉稍微抓一抓，放置备用；鸡蛋打散备用；取一个大碗，倒入面包糠。

② 锅中倒入植物油，油烧至六七成热，转中火，将鸡肉裹满鸡蛋液，再放入盛有面包糠的碗中，两面沾满面包糠后入油锅炸 2~3 分钟，至两面金黄，取出控油，放在盘子里。

③ 锅中留底油，放入蒜末、姜末、葱末爆香，放入豆瓣酱、酱油、醋、糖、精盐翻炒一小会儿，盛出淋在鸡排上即可。

·营养贴士· 鸡胸肉中富含的咪唑二肽，具有改善记忆功能的作用。

重庆辣子鸡

主料 整鸡 1 只

配料 花椒、干辣椒、熟芝麻、精盐、味精、料酒、食用油、葱、姜、蒜、白糖各适量

·操作步骤·

① 将鸡切成小块，放精盐和料酒拌匀后，放入八成热的油锅中，炸至外表变干呈深黄色后捞起待用；葱切成 3 厘米长的段；姜、蒜切片。

② 锅里烧油至七成热，倒入姜片、蒜片炒出香味后，按 4:1 的比例倒入干辣椒和花椒，翻炒至出辣味，倒入炸好的鸡块炒匀，撒入葱段、味精、白糖、熟芝麻，炒匀后起锅即可。

·营养贴士· 本道菜具有防癌、健脑的功效。

贵州
口水鸡

主 料▶ 三黄鸡 1 只

配 料▶ 辣椒粒、姜片、
花生碎、花椒、
白芝麻、葱花、
蒜末、花椒粉、
辣椒粉、精盐、
料酒、生抽、
米醋、香油、
白糖各适量

·操作步骤·

① 锅置旺火上，放水、姜片烧开，加入三
黄鸡氽烫捞出，换水烧开，加入姜片，
把鸡放入锅中煮 10 分钟。之后焖 8 分钟
左右取出，用冷水浸泡，待鸡凉后取出，
切块装盘。

② 在小碗中放入花椒粉、辣椒粉；用香油
把花椒稍微炸一下，稍凉后一起倒进小
碗，加入花生碎、白芝麻、葱花、姜片、

辣椒粒、蒜末、白糖、米醋、精盐、料酒、
生抽，调匀后浇到鸡块上即可。

·营养贴士· 本道菜具有增强体力、提高
人的免疫力、补肾精、增
强消化能力的作用。

·操作要领· 煮鸡的时间不要太长，这样
鸡肉比较嫩；煮好的鸡要
立刻放到凉水里，最好是
在冰水里激一下，这样皮
质细腻紧滑，不容易散烂。

桂圆子鸡

主料 童子鸡 500 克，桂圆肉 20 克

配料 姜 5 克，食盐 3 克，鸡精 1 克，枸杞、香菜各少许

·操作步骤·

① 用水冲净童子鸡的血污，然后焯一下水。

② 洗净桂圆肉、枸杞和香菜；姜切片。

③ 将童子鸡、桂圆肉、枸杞、姜片放入炖盅内，然后加水，烧沸，撇去表面浮沫。

④ 盖好盖，用小火炖 1 个小时左右。

⑤ 至鸡肉熟烂时，放入食盐、鸡精调味，放上香菜装饰即可。

·营养贴士· 桂圆，有着壮阳益气、补益心脾、养血安神、润肤美容等多种功效，配以营养美味的鸡汤，实在是进补与美味相得益彰的佳肴。

番茄鸡

主料 鸡肉 80 克，番茄 100 克

配料 青柿子椒、洋葱各 50 克，番茄酱、植物油各 10 克，食盐 3 克，胡椒粉少许，料酒适量

·操作步骤·

① 鸡肉洗净切成小块；番茄洗净切块；洋葱、青柿子椒切片备用。

② 锅中放少量植物油加热，炒番茄酱，放入鸡块、料酒、胡椒粉炒片刻，加入洋葱片、青柿子椒片、番茄块和食盐，继续烧 10 分钟左右即可。

·营养贴士· 本道菜具有利尿、健脾、开胃等功效。

茶叶熏鸡

主 料 嫩鸡 750 克

配 料 饭锅巴 100 克，圣女果 1 个，荷兰
芹叶 1 枝，葱、姜片、瓜片茶叶、
食盐、红糖、酱油、绍酒、芝麻酱、
花椒各适量

·操作步骤·

① 将一部分葱、花椒焙干，和食盐一起制
成细末，调成葱椒盐；鸡洗净，用葱椒
盐腌 20 分钟；剩余的葱切段。

② 把鸡身扒开，皮向上放在碗里，撒上葱段、
姜片，加酱油、绍酒，上笼蒸至熟，取出，

拣掉葱、姜；把饭锅巴掰碎放入炒锅，
撒上瓜片茶叶、红糖，架上篦子，把鸡
放在篦子上，盖严锅盖。

③ 先用中火熏出茶叶香味，随后用大火熏，
待烟尽，掀锅取鸡，刷芝麻酱，剁下鸡
的四肢和头，将鸡身切成大块，装盘，
用圣女果、荷兰芹叶装饰即可。

·营养贴士· 本道菜具有温中益气、补虚
填精、健脾胃、活血脉、
强筋骨的功效。

·操作要领· 火候要掌握好，时间短了，
茶香不入；时间长了，易出
烟味。

山药胡萝卜鸡汤

主料 鸡肉 200 克，淮山药、胡萝卜各 50 克

配料 食盐、料酒、鸡精各适量，葱丝、香菜叶各少许

· 操作步骤 ·

① 将鸡肉洗净剁块，在沸水里焯一下捞出；淮山药、胡萝卜分别去皮洗净，切成滚刀块。

② 锅置火上，倒入水烧开，放入鸡肉，加料酒煮开，煮至鸡肉半熟，下入淮山药、胡萝卜煮至熟烂。

③ 加入食盐、鸡精调味，盛入碗中，点缀葱丝、香菜叶即可。

· 营养贴士 · 此汤具有温中益气、安五脏的功效。

干锅香辣鸡翅

主料 鸡翅 1000 克

配料 植物油 800 克（实用 100 克），料酒 30 克，姜片 10 克，面粉、花椒、葱段、干辣椒、蒜片、食盐各适量

· 操作步骤 ·

① 鸡翅洗净并在表面用刀划上几道，加料酒、食盐、葱段、姜片腌 30 分钟后捞出葱段和姜片，然后撒上面粉，抓匀。

② 待锅中油沸后下入鸡翅，炸至鸡翅表面呈金黄色捞出，待用。

③ 炒锅里留少许油，烧至五成热时放入干辣椒段、花椒、葱段、蒜片，爆出香味，下入鸡翅，快速炒匀，入味后即可出锅。

· 营养贴士 · 鸡翅当中含有丰富的骨胶原蛋白，具有强化血管、肌肉、肌腱的功能。

蚝油鸡翅

主 料 鸡翅 300 克，洋葱半个，蚝油 1 小碟

配 料 蒜末、烧烤酱各适量

操作步骤

① 准备所需主材料。

② 把鸡翅放入碗内，碗内放入蚝油和蒜末搅拌均匀，腌渍 30 分钟。

③ 把洋葱切成大片铺在烤盘上，把鸡翅放在洋葱上。

④ 将烧烤酱刷在鸡翅上，烘烤至熟即可。

烹饪心得

营养贴士：本道菜具有温中益气、补精添髓、强腰健胃等功效。

操作要领：蚝油太黏稠，可以适当加点水，否则酱汁浓稠不利于入味，烤制之后的成品也不美观。

野山椒煮鸡胗

主 料 鸡胗 400 克，野山椒 150 克

配 料 植物油 70 克，花椒、姜、食盐、白糖、鸡精、料酒、水淀粉各适量

·操作步骤·

① 鸡胗洗净切片；姜切末备用。

② 锅中油五成热时，下入花椒、姜末炒香，再下入鸡胗煸炒，约 30 秒后烹料酒，加入白糖、鸡精、食盐、清水、野山椒煮制。

③ 出锅前加少许水淀粉提鲜即成。

·营养贴士· 本道菜具有消食导滞、帮助消化的作用。

黑椒烤鸡肝

主 料 鲜鸡肝 300 克，洋葱适量

配 料 橄榄油 30 克，花雕酒 25 克，沙拉酱 15 克，黑胡椒粉、食盐各 3 克，生姜粉 5 克，黄瓜、圣女果各适量，蒜泥少许

·操作步骤·

① 鸡肝洗净控水，切成块；洋葱洗净，切成条；黄瓜切片，与圣女果摆在盘边待用。

② 鸡肝放入碗中，加入黑胡椒粉、花雕酒、生姜粉、食盐、橄榄油拌匀，腌渍 1 个小时至入味。

③ 烤箱预热 200℃，烤盘中以洋葱垫底放入鸡肝，刷一层腌肉汁，先烤 3 分钟，取出翻面刷上腌肉汁，再烤 3 分钟即可。

④ 鸡肝放入盘中，撒上蒜泥，淋上沙拉酱即可食用。

·营养贴士· 鸡肝含有丰富的维生素 B_1，可以防止蚊子叮咬。

洋葱焖鸭

主 料 鸭肉 300 克，洋葱 20 克

配 料 植物油 100 克，葱、姜各 10 克，
冰糖 10 克，料酒、酱油、食盐各
适量，香菜少许

· 操作步骤 ·

① 鸭肉清理干净，切大块；葱和姜切末；
香菜洗净，切小段；洋葱洗净切块。

② 大火烧开水，放入鸭肉氽烫 5 分钟，取
出鸭块沥干水分。

③ 在炒锅中倒植物油，大火热油至六成热，
投入葱、姜煸炒出香味，放入鸭块煸炒 2

分钟，烹入料酒、酱油，加入洋葱，翻
炒均匀，然后注入热水，加盖烧开，调
成中火焖煮 10 分钟。

④ 调入冰糖和食盐，用大火把汤汁收浓，
鸭肉焖熟后出锅，加香菜点缀即成。

· 营养贴士 · 本道菜可以抵抗神经炎和多
种炎症，还具有抗衰老的
功效。

· 操作要领 · 清理鸭肉的时候要特别注意
清洗干净血水，否则会有
腥味，影响菜的品质。

香芋**焖咸鸭**

主料 ▸ 咸鸭腿 350 克，香芋 180 克

配料 ▸ 植物油 80 克，酱油 20 克，食盐、
白糖、胡椒粉、麻油、姜、蒜各适
量

·操作步骤·

① 香芋去皮洗净，切厚块；咸鸭腿洗净切
块；姜、蒜洗净切片。

② 锅内放入植物油加热，爆香姜片、蒜片，
加入鸭块均匀翻炒，3 分钟后加水焖煮至
八成熟，再加入香芋、食盐、胡椒粉、白糖、
酱油翻炒至熟。

③ 出锅前淋入麻油即可。

·营养贴士· 香芋含有较多的粗蛋白、淀粉、
聚糖、粗纤维和糖，与鸭肉搭
配食用，具有解毒、滋补身体
的功效。

芝麻**软炸鸭**

主料 ▸ 鸭脯肉 200 克

配料 ▸ 生芝麻 50 克，鸡蛋 100 克，淀粉
50 克，精盐 8 克，味精 6 克，料
酒 5 克，胡椒粉 10 克，香油 15 克，
花生油 200 克

·操作步骤·

① 将鸭脯肉放在容器里，用精盐、味精、
料酒、香油、胡椒粉腌 15 分钟；将鸡蛋
和淀粉打成蛋糊。

② 将鸭脯肉裹上一层蛋糊，两面粘上生芝
麻，下入热油锅中炸熟捞出，食用时切
成块装盘。

·营养贴士· 鸭肉营养丰富，而且由于其属
水禽，还具有滋阴养胃、健脾
补虚、利湿的作用，特别适宜
夏秋季节食用，既能补充过度消
耗的营养，又可祛除暑热给人体
带来的不适。

平锅**铁铲鸭**

主 料 鸭肉 800 克

配 料 杭椒 100 克，洋葱 30 克，啤酒 500
克，葱末、姜末、蒜末各 15 克，食盐、
香粉各 10 克，熟白芝麻、鸡精各
5 克，植物油适量，香菜少许

·操作步骤·

① 鸭肉洗净切块；杭椒洗净切段；洋葱切丝；
香菜切段备用。

② 锅内植物油烧至七成热，放入鸭块小火
煸炒至水分将干、肥油溢出时放入杭椒、
姜末、葱末、蒜末，中火煸炒爆香，然

后倒入啤酒大火烧开，烧开后再改用小
火慢炖 40 分钟。

③ 将炖至熟的鸭肉放入食盐、鸡精、香粉
调味，大火收汁，放入洋葱、香菜、熟
白芝麻炒匀即可。

·营养贴士· 本道菜中含有丰富的烟酸，它
是构成人体内两种重要辅酶
的成分之一，对心肌梗死等
心脏疾病患者具有保护作用。

·操作要领· 将鸭肉与啤酒一同炖煮成
菜，可使滋补的鸭肉味道
更加浓厚。

风味爆**鸭舌**

主 料▶ 鸭舌 30 只

配 料▶ 杭椒圈、红椒圈各 10 克，葱花 20 克，猪油 250 克，精盐 5 克，黄酒 10 克，菱粉 20 克，醋、蒜片、味精各适量

·操作步骤·

① 将鸭舌放在开水锅里煮熟后捞出，再放入冷水过一过，取出，抽去脆骨，只留舌尖。

② 将蒜片、红椒圈、杭椒圈、葱花、精盐、黄酒、醋、菱粉、味精调在小碗里。

③ 用净锅，下猪油烧热，将鸭舌倒入过一遍；再倒出，滤去油，放回原锅；随即倒入小碗里的调料，迅速爆炒几下，使调料裹在鸭舌上，即可起锅。

·营养贴士· 鸭舌含有对人体生长发育有重要作用的磷脂类，对神经系统和身体发育有重要作用，对老年人智力衰退有一定的作用。

红焖**鸭翅**

主 料▶ 鸭翅 300 克

配 料▶ 葱段、姜片、蒜片、花椒粉、料酒、酱油、茴香、精盐、鸡精、糖、植物油各适量

·操作步骤·

① 将鸭翅洗净放入沸水锅中，加入葱段、姜片、蒜片、花椒粉、鸡精、料酒、酱油、茴香、精盐等，用小火煨透。

② 锅中倒入植物油加热，放入少许糖，熬成糖浆，倒入煨好的鸭翅翻炒，加入少许水，小火炖 20 分钟左右添加鸡精，翻匀即可。

·营养贴士· 此菜有清热、开胃、利水、除湿之功效。

姜葱焖鸭血

主 料 鸭血 250 克，洋葱 50 克

配 料 食盐 10 克，小葱 1 棵，鸡精少许，
　　　　姜、高汤、酱油、植物油各适量

·操作步骤·

① 鸭血切片，入沸水锅中焯水，捞出；洋
　葱剥皮切丝；小葱切段；姜切片。

② 锅入植物油烧热，葱、姜爆香，倒入洋
　葱翻炒几下，再倒入鸭血翻炒，加入高汤、
　食盐、鸡精和酱油焖煮，煮熟即可。

·营养贴士· 鸭血味咸、性寒，富含铁、
　　　　钙等各种矿物质，营养丰富，
　　　　有补血解毒的功效。

·操作要领· 鸭血未食用前先放入水中泡
　　　　一段时间，这样能保持鸭
　　　　血的形状和口感。

干烧**鸭肠**

主 料▶ 鲜鸭肠 500 克

配 料▶ 猪五花肉 30 克，干辣椒 10 克，花
生油、黄酒、辣椒油、花椒油、豆豉、
大葱、精盐、味精、白糖各适量

·操作步骤·

① 鸭肠洗净，放热水里，焯至变色时，捞
出晾凉，切成小段后待用。

② 五花肉切丁；干辣椒切条，大葱对半剖开，
然后切段。

③ 炒锅中倒入花生油烧热，放入辣椒油、
干辣椒、大葱、豆豉一起炒至出香味，
下入五花肉，烹入黄酒一起炒香。

④ 将准备好的鸭肠放入锅中，加入精盐、
味精、白糖，烧 5 分钟左右后出锅盛盘，
最后滴入花椒油即可。

·营养贴士· 鸭肠富含蛋白质、B 族维生
素、维生素 C、维生素 A
和钙、铁等微量元素，对
人体新陈代谢、神经、心脏、
消化和视觉的维护都有良
好的作用。

·操作要领· 鸭肠入锅焯水时，看见变色
就要立即捞出。防止鸭肠变
老，吃起来会很柴。

炸烹**乳鸽**

主料 乳鸽 1 只

配料 鸡蛋清 50 克，蒜薹 30 克，面粉 150 克，蒜末、姜末各 15 克，料酒 20 克，生抽 10 克，食盐 3 克，鸡精 2 克，植物油适量，葱花、红椒丝各少许

·操作步骤·

① 乳鸽洗净，斩成略大的块；蒜薹洗净，切段。

② 面粉、鸡蛋清、少许食盐加水调成面糊，放入鸽肉块均匀挂糊，再放入七成热的油锅中炸至表面金黄，捞出控油。

③ 锅中留少许底油，六成热时下入蒜末、姜末、蒜薹段炒香，下入鸽肉块炒匀。

④ 烹入料酒、生抽，调入食盐、鸡精，继续翻炒 1 分钟，撒入葱花炒匀，出锅装盘，点缀红椒丝即可。

·营养贴士· 乳鸽肉质细嫩，富含粗蛋白质和少量无机盐等营养成分，是不可多得的食品佳肴。

砂锅**酒香乳鸽**

主料 乳鸽 1 只，大白菜、粉丝、笋尖各 100 克

配料 植物油 50 克，味精 5 克，鸡精 10 克，姜、蒜、葱各 5 克，胡椒粉 5 克，料酒 15 克，白汤适量

·操作步骤·

① 乳鸽宰杀去毛和内脏，斩成 4 厘米见方的块，入汤锅焯水捞起。

② 姜、蒜切片；葱切成葱花；大白菜切成 4 厘米见方的片；粉丝剪段；笋尖一分为四，均洗净、焯熟，装入砂锅待用。

③ 炒锅置火上，下油加热，放姜片、蒜片、葱花、鸽肉炒香，倒入白汤，放入味精、鸡精、料酒、胡椒粉烧沸，撒尽浮沫，倒入砂锅内，上台即可。

·营养贴士· 本道菜具有增加皮肤弹性、改善血液循环、加快伤口愈合的功效。

木须蛋

主　料 干木耳 100 克，干黄花菜 100 克，鸡蛋 2 个，黄瓜适量

配　料 葱、植物油、食盐各适量

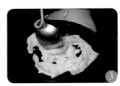
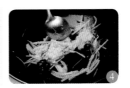

① 木耳泡发，撕成小朵；黄花菜泡发，去掉老根。

② 将鸡蛋打散在碗内；黄瓜切丝；葱切丝。

③ 锅内放入植物油，油热后倒入鸡蛋液翻炒。

④ 然后放入黄花菜、木耳、黄瓜丝、葱丝继续翻炒，至熟后放入食盐调味即可。

操作步骤

烹饪心得

营养贴士：木耳被誉为"菌中之冠"，具有益气强身、养血驻颜、防治缺铁性贫血的功效。

操作要领：黄花菜泡发后，需要放入沸水锅内焯制一下再使用，这样可以减少黄花菜的涩味。

鲫鱼炖鸡蛋

主 料 ▶ 小鲫鱼 1 条，鸡蛋 2 个

配 料 ▶ 姜片 10 克，食盐、葱花、生抽、植物油、料酒各适量

· 操作步骤 ·

① 将鲫鱼处理好，洗净沥干；鸡蛋打散。

② 热锅放植物油，入姜片爆香，然后放入小鲫鱼，煎至两面焦黄，再加入水、料酒，炖至汤汁浓白，加食盐调味。

③ 将炖好的鲫鱼汤装碗，加适量凉开水调温，加入蛋液打匀，再放入鲫鱼。

④ 用保鲜膜包裹碗口，加盖碟子后，入沸水锅蒸 10 分钟，再关火焖一会儿，去碟子、保鲜膜，淋入生抽，撒上葱花即可。

· 营养贴士 · 鲫鱼与滋阴润燥、养血息风的鸡蛋共制成菜，具有生精养血、补益脏腑、下乳催奶的作用。

蛋黄菜卷

主 料 ▶ 圆白菜叶 150 克，咸鸭蛋黄 4 个

配 料 ▶ 食盐适量

· 操作步骤 ·

① 锅中加开水，烧热后放入圆白菜叶，加少许食盐焖 2 分钟，取出沥干水分。

② 圆白菜叶略修整成方形，每张中卷入 2 个蛋黄，略压扁。

③ 卷好的菜卷放入盘中，入蒸锅蒸 3 分钟，取出晾凉，食用时切段摆盘即成。

· 营养贴士 · 鸭蛋黄含有丰富的维生素 A 和维生素 E，且含有较高的铁、磷、钾和钙等矿物质。

鸡蛋球

主 料 精面粉 500 克，鸡蛋 15 个

配 料 绵白糖 650 克，饴糖 200 克，苏打粉 7.5 克，熟猪油 10 克，菜籽油 2500 克（约耗 400 克）

·操作步骤·

① 炒锅内加清水 500 克烧沸，放入面粉和熟猪油，边煮边搅拌，熟后离火，倒出晾凉至 80℃，磕入鸡蛋，加入苏打粉揉匀。

② 炒锅加菜籽油，烧至三成热，将揉好的鸡蛋面用左手抓捏，使面团从手的虎口处挤出呈圆球状，再用右手逐个刮入锅内，炸至全部浮起后，提高油温炸透，待蛋球外壳黄、硬时，用漏勺捞出沥油。

③ 炒锅内加水 200 克烧沸，加饴糖、绵白糖各 150 克，推动手勺使之溶化，离火

稍冷却，将鸡蛋球逐个入锅挂满糖汁，再在绵白糖碗内滚上白糖即可。

·营养贴士· 对人而言，鸡蛋的蛋白质品质最佳，仅次于母乳。

·操作要领· 鸡蛋球刚入锅炸制时，动作要迅速，油温要低。

皮蛋煮苋菜

主料 皮蛋 2 个，苋菜 100 克

配料 火腿 50 克，植物油 15 克，蒜、食盐、鸡精各适量

·操作步骤·

① 皮蛋剥壳，切成块；蒜剥皮洗净；苋菜洗净后切段；火腿切丁。

② 锅中加植物油，加热后倒入蒜爆香，下皮蛋略炒，加水烧开。

③ 稍熬一小会儿，待汤显出白色的时候下苋菜、火腿丁，减小火力煮几分钟。

④ 放入食盐、鸡精调味即成。

·营养贴士· 皮蛋富含铁质、甲硫氨酸、维生素 E 等营养物质，但也含有微量的铅，所以儿童最好不要食用。

红珠鹌鹑蛋

主料 胡萝卜 300 克，鹌鹑蛋 2 个

配料 玉米笋 1 根，植物油 15 克，水淀粉 10 克，姜片 10 克，鸡精 2 克，料酒 2 克，胡椒面 1 克，葱段 20 克，食盐、清汤各适量

·操作步骤·

① 将胡萝卜洗净削皮，切成 2 厘米长的段，削成算盘珠形，开水烫熟，清水泡凉；鹌鹑蛋煮熟去皮；玉米笋洗净后切成长短相同的段备用。

② 锅中倒植物油，加热后下姜片、葱段爆香，加清汤稍煮，捞出姜片、葱段，放入玉米笋、胡萝卜，加食盐、料酒、鸡精、胡椒面调味，烧透入味，捞出玉米笋、胡萝卜，与鹌鹑蛋一起摆盘。

③ 锅内的汤汁用水淀粉勾芡，浇在盘内即成。

·营养贴士· 鹌鹑蛋中氨基酸种类齐全，含量丰富，还有高质量的多种磷脂、激素等人体必需成分，是滋补食疗佳品。

鲜美水产

虾

常见食材

挑选与储存

要挑选虾体、虾壳完整、密集、外壳清晰鲜明、肌肉紧实、身体有弹性，而且体表干燥洁净的。一般来说，头部与身体连接紧密的，就比较新鲜。

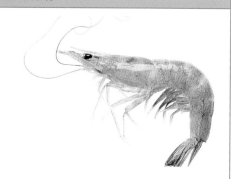

性味

性温，味甘，有小毒。

营养成分

虾营养丰富，富含蛋白质，钙、磷、钠、钾、镁等微量元素以及维生素 A 和氨茶碱等营养元素。

适宜人群

一般人群均可食用。

中老年人、孕妇、心血管病患者、肾虚阳痿、男性不育症、腰脚无力之人更适合食用；同时适宜缺钙所致的小腿抽筋者食用。

烹饪技巧

虾背上的虾线，是虾未排泄完的废物，吃到口内有泥腥味，会影响食欲，所以应除掉。

螃蟹

挑选与储存

　　手感重的为肥壮的蟹。此方法不适用于河蟹和活的海蟹，因为这些蟹常常会被五花大绑。

性味

性寒，味咸。

营养成分

　　螃蟹含有丰富的蛋白质以及微量元素，而且还富含维生素 A。

适宜人群

　　一般人群均可食用。

　　适宜跌打损伤、筋断骨碎、淤血肿痛、产妇胎盘残留、孕妇临产阵缩无力者食用，尤以蟹爪为好。

烹饪技巧

　　蒸蟹时应将蟹捆住，防止蒸后掉腿和流黄。生螃蟹去壳时，先用开水烫3分钟，这样蟹肉很容易取下，且不浪费。

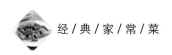

草鱼

挑选与储存

眼睛饱满凸出、角膜透明清亮，鳃丝呈鲜红色，黏液透明，具有淡水鱼的土腥味的是新鲜草鱼。

性味

性温，味甘，无毒。

营养成分

草鱼含有丰富的蛋白质、脂肪（多由不饱和脂肪酸组成），钙、磷、钾、镁、硒等微量元素以及B族维生素。

适宜人群

一般人群均可食用。

尤其适宜虚劳、风虚头痛、肝阳上亢的高血压、头痛、久疟、心血管等病患者。

烹饪技巧

草鱼要新鲜，煮时火候不能太大，以免把鱼肉煮散。

鲫鱼

挑选与储存

新鲜鲫鱼眼睛略凸，眼球黑白分明，不新鲜的则眼睛凹陷、眼球浑浊。身体扁平、色泽偏白的鲫鱼肉质比较鲜嫩，不宜买体型过大，颜色发黑的。

性味

性微温，味甘。

营养成分

鲫鱼富含多种营养成分，包括蛋白质、碳水化合物、微量元素、维生素 A、B 族维生素和尼克酸等。鲫鱼含有的氨基酸种类比较全面，易于被人体吸收利用。鲫鱼含脂肪较少，且多为不饱和脂肪酸，碳水化合物多由多糖组成。微量元素主要有钙、磷、钾、镁等。

适宜人群

一般人群均可食用。

适宜慢性肾炎水肿、肝硬化腹水、营养不良性水肿的人食用；适宜孕妇产后乳汁缺少的人食用；适宜脾胃虚弱，饮食不香的人食用。

烹饪技巧

鲫鱼肉嫩味鲜，可做粥、做汤、做菜、做小吃等，尤其适于做汤。

鲈鱼

挑选与储存

挑选鲈鱼，以重750克的鱼为宜，太小则肉少，生长的时间不够，太大则肉质变得粗糙。

性味

性微温，味甘。

营养成分

鲈鱼含有丰富的蛋白质、维生素A、B族维生素以及钙、镁、锌、硒等微量元素。

适宜人群

一般人群均可食用。

适宜贫血头晕、妇女妊娠水肿、胎动不安的人食用。患有皮肤病、疮肿者忌食。

烹饪技巧

将鱼去鳞、剖腹、洗净后，放入盆中倒一些黄酒，就能除去鱼的腥味，并能使鱼滋味鲜美。

带鱼

挑选与储存

质量好的带鱼，体表富有光泽，全身鳞全，鳞不易脱落，翅全，无破肚和断头现象。

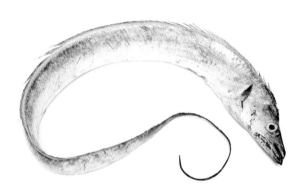

性味

性微温，味甘。

营养成分

带鱼含有丰富的脂肪，多为不饱和脂肪酸，还含有蛋白质、维生素 A、钙、磷、铁、碘等营养元素。带鱼的鱼鳞也含有不饱和脂肪酸，还有纤维性物质和 6- 硫代鸟嘌呤等成分。

适宜人群

一般人群均能食用。

适宜久病体虚、血虚头晕、气短乏力、食少羸瘦、营养不良、皮肤干燥之人食用。

烹饪技巧

带鱼一般适合煎炸。

美味菜品

酸萝卜炒虾仁

主料 虾仁 100 克，西蓝花 150 克，酸萝卜适量

配料 姜丝、精盐、植物油、生抽、淀粉、生粉各适量

·操作步骤·

① 酸萝卜洗净切条；西蓝花去梗，洗净，切小朵，焯水备用；虾仁去头、去壳、去肠，用生抽、油、淀粉腌渍 6 分钟。

② 在热油锅中爆香姜丝、虾头、虾壳；加入西蓝花、酸萝卜均匀翻炒。

③ 另起锅加油，加入虾仁，大火翻炒几下，倒入西蓝花和酸萝卜继续大火炒均匀，加入精盐调味，用生粉勾芡即可。

·营养贴士· 虾仁营养丰富，肉质松软，易消化，对身体虚弱以及病后需要调养的人是极好的食物。

·操作要领· 在烫西蓝花时，时间不宜太长，否则会失去脆感，焯水后，应放入凉开水内过凉，捞出沥净水再用。

脆椒基围虾

主 料 基围虾 300 克, 红杭椒 100 克

配 料 干辣椒 13 克, 蒜泥 8 克, 香醋 15 克, 酱油 10 克, 白糖 2 克, 料酒 15 克, 精盐 3 克, 香葱、姜各 7 克, 熟白芝麻、熟花生各 5 克

·操作步骤·

① 将香葱、红杭椒、干红椒洗净切段; 姜洗净切末, 与香葱、红杭椒、干辣椒一起放在碗中, 用精盐、料酒腌渍 2 分钟; 将基围虾背部划开, 取出虾钱。

② 沸水锅中, 先后加入已开背的基围虾、料酒、精盐、香葱、姜; 待基围虾煮熟后捞起, 置入冰水中。

③ 将腌渍好的干红辣椒等加入蒜泥、酱油、香醋、白糖等调料放入深口碗内, 然后将凉透的基围虾放入盆中, 加熟白芝麻和熟花生略微搅拌一下, 即可上桌食用。

·营养贴士· 基围虾中含有丰富的镁, 能很好地保护心血管系统。

炸虾排

主 料 鲜虾 750 克

配 料 干淀粉 50 克, 鸡蛋清 100 克, 精盐、黄酒、葱姜汁、面包糠、猪油各适量

·操作步骤·

① 将虾清洗干净, 挤去头部外壳留尾, 用黄酒、精盐、葱姜汁腌 10 分钟, 制成虾排生坯; 鸡蛋清加干淀粉打成蛋泡糊。

② 炒锅置旺火上, 放入猪油, 烧至五成热, 将虾排挂上蛋泡糊, 下油锅炸至挺身捞出。

③ 待油温升到六成热时, 再下入虾排重炸一次, 捞出沥油, 挂上面包糠放在盘中即可。

·营养贴士· 此菜具有补气、健胃的功效。

麻辣干锅虾

主 料▶ 鲜虾适量

配 料▶ 干辣椒、花椒、豆豉、葱、姜、蒜、精盐、生抽、糖、植物油、白酒、玫瑰露酒各适量

·操作步骤·

① 干辣椒剪段去籽；豆豉略剁碎；姜、蒜切末；葱白切丝，葱叶切大段；鲜虾剪去虾枪、虾须，挑去沙包和虾线，冲洗干净，倒少许白酒腌渍 10 分钟。

② 锅烧热，不放油，倒入虾翻炒 1 分钟，至干爽、虾身变红时盛出。

③ 锅洗净，重新烧热，倒入比平时炒菜稍多的油，热锅热油，倒入虾煎炒 1 分钟，至虾壳变脆、虾头出油。

④ 另取砂煲烧热后倒入盖住锅底的薄油，放入花椒，油热后放入蒜末、姜末、豆豉爆香，放葱白、干辣椒，再次爆香；倒入煎好的虾，加适量精盐、少量生抽和糖炒匀，沿煲边烹入少许玫瑰露酒，撒上葱叶段，翻炒至葱叶变软；将虾盛出摆好，撒上葱白丝即可。

·营养贴士· 虾的营养价值极高，能增强人体的免疫力和性功能，补肾壮阳、抗早衰。

·操作要领· 辣椒的多少随自己的口味来定，但建议不要太辣，不然会盖住虾的鲜味。

茄子焖青蟹

主料 青蟹 300 克，茄子适量

配料 洋葱 20 克，高汤 200 克，海鲜酱、老抽、猪油、香醋各 10 克，味精 5 克，白糖 8 克，香油 3 克，葱末、姜末各 2 克，鸡精 2 克，蒜蓉酱、豆瓣酱各 2 克，蒜油 2 克，色拉油 500 克，葱花 6 克，淀粉适量

·操作步骤·

① 将青蟹宰杀洗净，拌匀淀粉；茄子洗净切条；分别将茄条和青蟹放入六成热的油锅里，茄条中火炸至表面金黄，青蟹小火炸至熟，捞出沥油。

② 锅中加入猪油、葱末、姜末、蒜油烧热，放入蒜蓉酱、豆瓣酱、海鲜酱，小火煸炒出香；加入高汤烧沸。

③ 加入青蟹、老抽、鸡精、味精、香醋、白糖、茄子，中火烧至汤汁浓稠时，大火收汁，淋入香油后起锅；铁板烧热，放上洋葱，再放入煨好的原料，撒葱花即可。

·营养贴士· 青蟹含有丰富的蛋白质，且氨基酸种类齐全，营养价值很高。

炸海蟹

主料 海蟹 700 克

配料 花生油 100 克，精盐 2 克，料酒 6 克，辣椒粉 10 克，味精、淀粉各适量

·操作步骤·

① 将海蟹去掉脐和蟹盖，除去鳃后冲洗干净，剁成两块，放入盆里，加料酒、味精、精盐、辣椒粉腌片刻。

② 炒勺上火，注入花生油，烧至八成热，将海蟹刀口断面处蘸淀粉后，入油中炸至金黄色时捞起，两半蟹拼好码入盘中；蟹盖也入油中炸至赤色，盖在炸蟹上恢复原样即成。

·营养贴士· 海蟹含有丰富的蛋白质、脂肪及多种矿物质，对身体有很好的滋补作用。

麻辣烤鱼

主料 草鱼 1 条（约 750 克）

配料 姜片、泡椒各 20 克，蒜、干辣椒段各 50 克，郫县豆瓣酱 30 克，花椒 15 克，豆豉酱、酱油各 15 克，料酒、辣椒面、花椒面、孜然粉、葱段、精盐、蚝油、植物油各适量

· 操作步骤 ·

① 草鱼洗净去鳍，在鱼身两侧开花刀，将鱼一分为二，鱼背相连；用葱段、姜片、料酒、精盐腌 10 分钟；将鱼放入铺好锡纸的烤盘，刷上蚝油、酱油，撒辣椒面、花椒面、孜然粉，放入预热 220℃的烤箱上下火烤 20 分钟；然后去掉姜、葱；姜切末，蒜切大块，豆瓣酱、泡椒剁碎。

② 锅内放油，烧至五成热，下姜末、蒜块炒香，再下郫县豆瓣酱、泡椒和豆豉酱炒香，放干辣椒段和花椒炒香，浇在鱼身上，再放入烤箱中 200℃烤 5 分钟取出。

· 营养贴士 · 此菜有开胃、滋补之效。

福州鱼丸

主料 草鱼 1 条，五花肉适量

配料 蛋清、盐、生粉、虾油、葱花、植物油各适量

· 操作步骤 ·

① 将草鱼收拾干净，剔下净鱼肉剁成肉泥，放入小盆里，加入蛋清搅打；再加入 1 勺生粉不停搅打成细细的鱼胶；五花肉剁碎，加入 2/3 的葱花和盐、油调和成馅料备用。

② 盛 1 勺鱼胶在手掌上摊开，中间放一点馅料，将鱼肉泥团拢起，挤出鱼丸，用小匙舀起，放入装水的盆里。

③ 锅里放入清水，开锅后放入鱼丸，滴入几滴虾油，再次煮沸，出锅装碗里，放上葱花点缀即可。

· 营养贴士 · 福州鱼丸含有丰富的蛋白质、钙、磷、碘、铁与多种维生素，既营养又保健。

五香炸**鲫鱼**

主 料 小鲫鱼 2 条

配 料 料酒 30 克，姜末、葱段各 25 克，
香醋 20 克，白糖 15 克，生抽 15 克，
精盐 5 克，植物油、竹签、胡椒粉
各适量

·操作步骤·

① 小鲫鱼清理干净，置于碗中，加入姜末、
葱段、精盐、料酒、香醋、生抽、白糖、
胡椒粉拌匀，腌渍 1 个小时，穿在竹签上，
控干汁液。

② 锅中多倒入一些植物油，大火烧至六成
热时，转中火，将处理好的小鲫鱼下油
锅炸至两面呈焦黄色，关火，控油即可。

·营养贴士· 鲫鱼所含的蛋白质质优、氨基
酸种类较全面，并含有大量的
钙、磷、铁等矿物质。

醋喷**鲫鱼**

主 料 鲫鱼 1 条

配 料 洋葱 50 克，干辣椒段、陈醋、白糖、
生抽、精盐、味精、植物油、葱花、
姜末各适量

·操作步骤·

① 将鲫鱼去净内脏及腮，洗净沥干，切块；
洋葱洗净切小丁。

② 锅中放油，烧至八成热，放入鲫鱼，炸
熟捞出。

③ 锅中留底油烧热，用葱花、姜末爆锅，
入洋葱翻炒片刻；然后加入干辣椒段、
白糖、生抽、精盐、味精等调料，放入
炸好的鲫鱼炒匀；再喷些陈醋，撒上葱
花即可。

·营养贴士· 本道菜具有和中补虚、除羸、
温胃进食、补中生气之功效。

醋椒鲈鱼

主料 鲈鱼 1 条

配料 植物油、精盐、葱白、姜、柠檬、白
胡椒、料酒、醋、香菜、淀粉各适量

·操作步骤·

① 将鲈鱼剔骨、去头尾，鱼骨切段；剔下
的鱼肉片剖成蝴蝶片，放入料酒、精盐
腌渍 10 分钟；腌渍好后加上淀粉上浆；
姜洗净切碎；葱白洗净切丝；柠檬切片；
香菜洗净切段。

② 锅中烧开水加入鲈鱼片煮沸，捞出；另
起锅加油，煸炒鱼骨（含鱼头、尾），
待半熟时加入开水煮出白汤；捞出鱼骨
放入盘中，汤留用。

③ 另起锅加油，放入葱、姜、白胡椒煸炒
出香味，加入白汤煮沸，加精盐；放入
鱼片煮入味后，将鱼片捞出放入盘中。

④ 在汤中加入柠檬片，煮 3~5 分钟，关火
同时加入醋；将汤沥出，倒在鱼肉上；
加上香菜和葱丝即可。

·营养贴士· 鲈鱼中含有丰富的维生素 A、
钙、磷、铁等营养元素，对
肝肾不足的朋友有很好的滋
养作用。

·操作要领· 醋一定要等到关火时加入，
切不可提前放入。

煎蒸带鱼

主料 带鱼 500 克

配料 大葱 10 克，植物油 50 克，淀粉 20
克，酱油 5 克，香油 2 克，精盐 2 克，
姜汁 3 克，蒜汁 15 克，高汤 40 克

·操作步骤·

① 处理干净带鱼，切段，并在鱼段两面划
几道直刀口，裹上精盐和淀粉备用；大
葱切丝备用。

② 锅坐旺火，加植物油烧热，下鱼块煎至
两面金黄后出锅。

③ 带鱼装盘，浇高汤、酱油，放精盐、蒜汁、
姜汁、葱丝上屉蒸半小时。

④ 出笼后加香油即成。

·营养贴士· 带鱼富含脂肪、蛋白质、维生
素 A、钾、钠、硒等多种营养
成分，是老人、儿童、孕产妇
的理想滋补食品。

蒸火焙鱼

主料 火焙鱼若干条

配料 鲜红辣酱、姜、蒜、茶油、精盐、醋、
生抽、料酒各适量

·操作步骤·

① 火焙鱼用温水泡 10 分钟，去掉鱼骨和内
脏，清洗干净；姜、蒜均切末。

② 将处理干净的火焙鱼放入盘中，将鲜红
辣酱、切好的姜、蒜全部放在火焙鱼上，
再加精盐、少许醋、料酒、生抽，淋上茶油，
上锅蒸 15 分钟即可。

·营养贴士· 火焙鱼的鱼肉中维生素 B_2、维
生素 B_6、维生素 A 和维生素 E
损失都很小，只有维生素 B_1 略
有损失。

剁椒**鱼头**

主 料 鱼头 1 个，剁椒 1 小碟

配 料 食用油适量，葱花少许

准备所需主材料。

将鱼头去除鳃片及其他杂质，清洗干净，从中间剖开。

将剁椒洒在鱼头上。

鱼头放在锅内蒸熟后取出，撒上葱花。锅内放入食用油烧开，再把热油浇在鱼头上即可。

操作步骤

操作要领：剁椒里有咸味，所以不需要放盐，口味重的可以加少许蒸鱼豉油。

营养贴士：鱼头含有丰富的不饱和脂肪酸，对血液循环有利，是心血管病患者的良好食材。

麻辣鳝丝

主料 黄鳝 500 克

配料 辣椒粉 20 克，熟芝麻、花椒粉、精盐、酱油、植物油、淀粉各适量

·操作步骤·

① 黄鳝去头，将鱼身片开，去骨切段再切丝，抹上酱油、精盐，裹上淀粉腌 10 分钟。

② 锅中倒植物油烧热，将腌好的鳝丝放入锅里，炸至两面金黄时捞出控油，摆入盘中。

③ 在炸好的鳝丝上面撒上辣椒粉、花椒粉和熟芝麻，拌匀即可。

·营养贴士· 鳝鱼含有多种人体所必需的氨基酸和不饱和脂肪酸，能有效为人体补充营养

豆豉小银鱼

主料 银鱼干 300 克

配料 食用油、豆豉、朝天椒、蒜、酱油、精盐、白糖、蚝油、料酒、香菜各适量

·操作步骤·

① 银鱼干用清水浸泡 15 分钟，冲洗干净沥干；朝天椒斜切成丝；蒜剁成蓉。

② 锅中加入食用油加热，放入蒜和朝天椒炝锅；然后倒入银鱼干翻炒，加酱油、精盐、白糖调味；待银鱼干发白变软，加豆豉，开大火；最后加蚝油、料酒翻炒均匀，出锅盛出，放入香菜点缀即可。

·营养贴士· 银鱼不去鳍、骨，属"整体性食物"，营养完全，利于人体增进免疫功能和长寿。

烧蒸鳗鱼

主料 河鳗鱼 500 克

配料 银杏罐头 100 克，香菜 65 克，葱、姜、料酒、老抽、白糖、精盐、胡椒粉、醋、高汤、食用油、淀粉各适量

·操作步骤·

① 将鳗鱼剖腹洗净，放入七八成热的开水中，加入醋、精盐焯一下切成段。

② 将银杏罐头打开控干水；葱、香菜洗净切成段；姜洗净切片。

③ 坐锅点火倒入油，油热放入葱段、姜片煸炒出香味，放入鱼段、料酒、老抽、白糖、精盐、胡椒粉、醋、高汤，待锅开加入银杏翻炒，再放到蒸锅中蒸 15 ~ 20 分钟。

④ 将蒸好的鱼汤倒入锅中，开锅后用淀粉勾芡并淋在鱼上，撒上香菜即可。

·营养贴士· 鳗鱼是含 EPA 和 DHA 最高的鱼类之一，不仅可以降低血脂、抗动脉硬化、抗血栓，还能为大脑补充必要的营养素。

·操作要领· 焯鳗鱼时一定要加入适量的醋，可以去除鳗鱼的腥味。

炸鳕鱼排

主料 鳕鱼排 150 克

配料 鸡蛋液 50 克，面粉 10 克，食用油 100 克，白胡椒粉 4 克，精盐 3 克，面包糠、辣椒酱适量

·操作步骤·

① 鳕鱼排用精盐、白胡椒粉腌渍。

② 将鳕鱼排依次裹上鸡蛋液、辣椒酱、面粉和面包糠。

③ 锅中倒食用油加热，放入鳕鱼排炸至金黄即可摆盘。

·营养贴士· 鳕鱼含丰富蛋白质、维生素 A、维生素 D、钙、镁、硒等营养元素，营养丰富、肉味甘美。

水煮黄鸭叫

主料 黄鸭叫 500 克

配料 葱段、姜片各 10 克，蒜子 50 克，辣椒油 5 克，豆芽、紫苏叶、干红椒、鲜花椒、精盐、醋、味精、料酒、豆瓣酱、糖、植物油各适量

·操作步骤·

① 黄鸭叫用清水养 2 天，去除内脏，清洗干净，在黄鸭叫两边各自切 3 刀；干红椒切成 1 厘米长的段；紫苏叶洗净；取部分蒜子切末。

② 锅置旺火上，加入植物油，烧至六成热时下入黄鸭叫，两面煎黄，捞出沥干；锅中留底油，将姜片、葱段、豆瓣酱炒香，放入豆芽、紫苏叶、辣椒油、料酒，倒水搅煮，捞除汤渣，倒入黄鸭叫，加精盐、味精、糖、醋，放入干红椒段、蒜子、鲜花椒、清水，小火煨煮。

③ 煮到汤红油亮时，撒上蒜末即可。

·营养贴士· 本道菜具有益脾胃、利尿消肿的功效。

酥炸**沙丁鱼**

主料▸ 沙丁鱼 500 克

配料▸ 鸡蛋 4 个，面粉 100 克，植物油 600 克（实用 150 克），精盐 6 克

·操作步骤·

① 洗净沙丁鱼，去内脏，撒上一层精盐腌 5 分钟，备用。

② 在碗里打入鸡蛋，搅散备用。

③ 将沙丁鱼沾面粉后，再裹一层鸡蛋液。

④ 热锅加油，油七成热后放入沙丁鱼，煎至金黄色即可出锅。

·营养贴士· 沙丁鱼含有能防止心血管病的廿碳五烯酸，还含有核酸、牛磺酸及硒等多种营养成分，具有非常高的药用价值。

香煎**咸鱼**

主料▸ 红杉咸鱼（实肉咸鱼）1 条

配料▸ 生姜、干辣椒、醋、植物油各适量，生抽少许

·操作步骤·

① 咸鱼切段，用清水浸泡 20 分钟；生姜、干辣椒切丝。

② 锅烧热后倒入油，晃下锅，放入鱼肉，用中火煎，用筷子翻动，煎至两面泛黄时，放入姜丝、干辣椒丝，煎出香味，加入适量醋、少许生抽即可。

·营养贴士· 咸鱼是腌制食品，少量食用问题不大，如果长期食用易患鼻咽癌。

锅鳎**鱼盒**

主料▶ 偏口鱼肉 200 克，猪肉泥 100 克

配料▶ 葱、姜末各 8 克，干淀粉 30 克，鸡蛋黄 3 个，清汤 75 克，红椒丁、绍酒、精盐、香菜段、芝麻油、花生油各适量

·操作步骤·

① 猪肉泥加精盐、芝麻油搅成馅；偏口鱼肉洗净，片成片；在两片鱼肉片中间夹上肉馅，制成盒形；鸡蛋黄加干淀粉搅匀成蛋黄糊，备用。

② 炒锅内倒入花生油，中火上烧至五成热时，将鱼盒沾匀蛋黄糊下锅，煎至两面呈金黄色时，倒出控油。

③ 炒锅加花生油中火烧至五六成热时，用葱、姜末爆锅，加入绍酒一烹，再加入清汤、少许精盐，将鱼盒倒入锅内以旺火烧开，再用小火煨至嫩熟，汁稠浓将尽时，撒上香菜段、红椒丁，淋上芝麻油，推入盘内即成。

·营养贴士· 偏口鱼富含蛋白质，肉质细嫩，而且刺少，尤其适宜老年人和儿童食用。

·操作要领· 偏口鱼肉质细嫩，因此将鱼盒倒入锅中后，要以旺火烧开，再用小火煨至嫩熟。

灌汤墨鱼球

主料 墨鱼250克，五花肉丁100克，皮冻150克，面粉35克

配料 酵母粉0.5克，姜末6克，精盐5克，鸡粉3克，味精、香油、葱姜水、植物油各适量

·操作步骤·

① 墨鱼洗净去杂物，选墨鱼身子部分剪开成大片，撕去外面的薄膜，展开，用剪刀固定住一端，用手捏住另一端，将刀倾斜45°刮下鱼肉成鱼蓉，加姜末、精盐3克、鸡粉、葱姜水调味；五花肉丁剁成肉末，加皮冻、精盐2克、味精、

香油搅匀成灌汤馅；用500克清水与35克面粉、0.5克酵母粉调匀成脆煎糊待用。

② 鱼蓉包入灌汤馅，做成鱼圆，凉水下锅烧开，转文火烧3分钟左右，浮起养熟成鱼球。

③ 煎锅烧热，刷一层植物油，放入鱼球，倒入脆煎糊，用中火煎约5分钟，待成形、水干后扣入盘中即可。

·营养贴士· 墨鱼是女性塑造体型和保养肌肤理想的保健食品。

·操作要领· 煎制时手法要轻，否则容易破皮。

炸墨鱼

主 料 墨鱼 500 克

配 料 生菜叶 4 片，黄瓜 1 根，蒜、鸡蛋、面粉、橄榄油、沙拉酱、盐、胡椒粉、面包糠各适量

· 操作步骤 ·

① 黄瓜洗净切条，生菜叶洗净切丝，蒜去皮，切碎，用橄榄油炒熟制成蒜蓉。

② 除去墨鱼内脏、软骨和墨囊，洗净，然后切成长条，用蒜蓉、橄榄油、盐和胡椒粉，腌 10 分钟。

③ 鸡蛋打散成蛋浆；墨鱼圈沾上面粉、蛋浆及面包糠。

④ 锅烧热倒橄榄油，将准备好的墨鱼炸至金黄色后出锅摆在盘内，周围挤上沙拉酱，摆上生菜丝和黄瓜条即可。

· 营养贴士 · 本道菜具有滋阴明目、健胃理气的功效。

椒麻鱿鱼花

主 料 鲜鱿鱼肉 480 克

配 料 花椒粒 5 克，姜蓉 10 克，青葱蓉 30 克，糖 3 克，醋、麻油各 5 克，生抽 30 克，植物油、面粉、精盐、胡椒粉各适量

· 操作步骤 ·

① 花椒粒捣成粉状，放入姜蓉、青葱蓉、糖、醋、麻油、生抽，兑入少许开水，调成椒麻汁。

② 鲜鱿鱼肉洗净抹干，切十字花纹再切小件，撒上面粉、精盐、胡椒粉拌匀；烧热植物油，将拌好的鱿鱼肉下锅炸两遍，摆入盘中，淋上椒麻汁即可。

· 营养贴士 · 鱿鱼富含蛋白质、钙、牛磺酸、磷、维生素 B_1 等多种人体所需的营养成分，营养价值非常高。

红烧肉海参

主料 五花肉 400 克，海参 200 克

配料 葱、姜各 5 克，冰糖、老抽、精盐、料酒、植物油各适量

·操作步骤·

① 五花肉切块，放清水里浸泡 10 分钟，倒入小半杯的料酒去腥；海参泡发后放锅里蒸 30 分钟，凉透后备用；葱、姜切末备用。

② 炒锅里放少量植物油加热，放入五花肉小火慢慢煸炒，等到肉微微发黄时，把锅里的油倒出来。

③ 加入老抽，煸炒上色后，放入葱、姜，加入半锅热水和料酒，大火烧开后转小火。

④ 加入适量的冰糖调味，等到肉炖到五成熟时，把海参放进去，接着炖。

⑤ 等到肉熟烂、海参软糯后，加入一点点精盐调味，汤汁收紧后即成。

·营养贴士· 海参不仅是珍贵的食品，也是名贵的药材，具有提高记忆力、延缓性腺衰老，防止动脉硬化以及抗肿瘤等作用。

·操作要领· 肉炖到五成熟时放入海参，这样海参炖出来才会硬度适中。

吉列**生蚝**

主 料▶ 中等生蚝 600 克

配 料▶ 鸡蛋、小西红柿各 1 个，淀粉、面包糠、精盐、粟粉、酒、油各适量，荷兰芹叶少许

·操作步骤·

① 生蚝洗净去壳，用精盐、粟粉拌匀，稍腌，捞出冲洗干净，放开水中焯至变色，捞出沥干；鸡蛋打散，加酒搅拌均匀。

② 锅置火上，放油，用中火加热，将生蚝依次裹上淀粉、鸡蛋液、面包糠，放入锅中炸至金黄色，捞出沥干，放在蚝壳里上碟，用小西红柿、荷兰芹叶装饰即可。

·营养贴士· 生蚝是所有食物中含锌最丰富的，是很好的补锌食物。

温拌**海螺**

主 料▶ 海螺 300 克

配 料▶ 米椒 15 克，葱 10 克，精盐、鲜味汁、白砂糖、香油、姜丝各适量

·操作步骤·

① 海螺洗净，去掉表皮杂物；米椒切小段；葱切段；海螺放入蒸锅中蒸约 12 分钟取出，去掉后部黑色内脏，将海螺肉切成薄片。

② 锅中水烧开后，放入米椒焯 1 分钟，捞出；将海螺片、米椒段、葱段、姜丝放入盘中，加入精盐、鲜味汁、白砂糖和香油搅拌均匀，盛入盘中即可。

·营养贴士· 海螺是典型的高蛋白、低脂肪、高钙质的天然动物性保健食品。

虾酱八带

操作步骤

主料 八带 300 克，
鸡蛋 2 个

配料 青辣椒、红辣椒
各 1 个，虾酱 1
小碟，葱 30 克，
食用油、食盐、
味精各适量

准备所需主材料。①

将八带改刀，切成长条。②

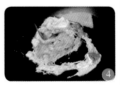

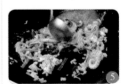

将红辣椒、青辣椒切成
粗丝；葱切段；鸡蛋打
散在碗内，碗内放入虾
酱搅拌均匀。③

锅内放入食用油，油热
后放入鸡蛋炒散。④

锅内放入八带、葱段、
青辣椒、红辣椒翻炒，
至熟后放入食盐、味精
调味即可。⑤

烹饪心得

营养贴士：八带含有丰富的蛋白质、矿物质等营养元素，还富含抗疲劳、抗衰老，能
延长人类寿命等重要保健因子——天然牛磺酸。

操作要领：八带不宜熟透，炒制时间要长一些，炒制时要不停地翻动，以免将八带炒
老炒干、口感不嫩。

麻辣泥鳅

主 料▶ 泥鳅适量

配 料▶ 味精、蒜、花椒粉、辣椒粉、孜然粉、白芝麻各少许，食盐、香油、食用油各适量

·操作步骤·

① 把泥鳅宰杀干净，稍微撒点食盐，沥干水分；蒜切末放在大碗里，加入花椒粉、辣椒粉、食盐、味精、孜然粉、白芝麻拌匀。

② 锅内放食用油烧热，放入泥鳅炸至表皮酥脆，捞起放入调料碗里，加香油，再把炸泥鳅的热油放一点在碗里，搅拌均匀，捞出摆盘即可。

·营养贴士· 泥鳅含脂肪成分较低，胆固醇更少，是高蛋白、低脂肪食品，既美味又滋补。

洞庭金龟

主 料▶ 金龟 1 只，猪五花肉 150 克

配 料▶ 冬笋、香菜各 50 克，水发香菇 25 克，葱、姜各 15 克，八角、精盐、白糖、味精各 1 克，酱油、绍酒各 25 克，熟猪油 50 克，香油 20 克，干红椒、胡椒粉、桂皮各适量

·操作步骤·

① 龟肉焯水，治净，切块；猪五花肉切片；冬笋切成梳形片；香菇去蒂洗净；葱打结；姜去皮、拍破；香菜切段；干红椒切段。

② 炒锅内放入熟猪油，下入葱、姜煸出香味，放入龟肉、五花肉煸炒；烹入绍酒、酱油，放入桂皮、八角、干红椒、精盐、白糖适量清水烧开，撇去泡沫，倒入炒锅，移到小火上煨 1 个小时至龟肉软烂；再加入笋片、香菇煸炒至熟，放香菜、味精，撒上胡椒粉，淋入香油即可。

·营养贴士· 龟肉滋阴降火、补血健胃，是滋补佳品。

干锅牛蛙

主料 活牛蛙 1000 克

配料 鲜红椒、干红椒各 30 克，蒜子 50 克，植物油 50 克，精盐、味精、鸡精粉各 2 克，姜 10 克，蒜蓉酱 10 克，红油、香油各 10 克，啤酒 250 克，胡椒粉 1 克，辣妹子、葱、紫苏叶各 5 克，鲜汤 300 克

·操作步骤·

① 牛蛙宰杀后去头、内脏、爪子，砍成 4 厘米见方的块备用；鲜红椒去蒂切滚刀块；蒜子去蒂；紫苏叶切碎；姜切片；干椒切段；葱切段。

② 锅置旺火上，倒入植物油，放入姜片、干椒段煸香，再放入牛蛙、蒜子、鲜红椒，炒至牛蛙变色；放入蒜蓉酱、辣妹子，倒入啤酒稍焖，加入鲜汤、精盐、味精、鸡精粉，转中火烧至牛蛙九成熟；再放入紫苏叶碎，淋红油，撒胡椒粉，装入干锅内，淋香油，撒葱段即可。

·营养贴士· 牛蛙可以促使人体气血旺盛、精力充沛、滋阴壮阳，有养心安神补气之功效，有利于患者的康复。

·操作要领· 蒜蓉酱属于偏咸调味料，烹制过程要控制好。